统计学方法中的多元分析和灰色系统理论在化学中的应用研究

周利兵◎著

北京理工大学出版社
BEIJING INSTITUTE OF TECHNOLOGY PRESS

内 容 提 要

本书介绍了统计学中的多元分析的常用方法和灰色系统理论。全书共6章，重点介绍回归分析、聚类分析、主成分分析、灰色系统理论、人工神经网络等方法在化学中的应用。

本书可作为高等院校化学化工系、统计系、材料科学系、环境化学系等本科高年级学生的学习用书，也可作为从事统计化学研究与教学的工作者以及广大化学化工工作者学习和提高的参考用书。

图书在版编目（CIP）数据

统计学方法中的多元分析和灰色系统理论在化学中的应用研究 / 周利兵著. —北京：北京理工大学出版社，2017.3

ISBN 978-7-5682-3101-5

Ⅰ.①统… Ⅱ.①周… Ⅲ.①多元分析－应用－化学－研究 ②灰色系统理论－应用－化学－研究 Ⅳ.①06

中国版本图书馆CIP数据核字(2016)第219449号

出版发行 / 北京理工大学出版社有限责任公司
社　　址 / 北京市海淀区中关村南大街5号
邮　　编 / 100081
电　　话 /（010）68914775（总编室）
（010）82562903（教材售后服务热线）
（010）68948351（其他图书服务热线）
网　　址 / http：//www.bitpress.com.cn
经　　销 / 全国各地新华书店
印　　刷 / 北京紫瑞利印刷有限公司
开　　本 / 710毫米×1000毫米 1/16
印　　张 / 10
字　　数 / 198千字
版　　次 / 2017年3月第1版 2017年3月第1次印刷
定　　价 / 55.00元

责任编辑 / 钟　博
文案编辑 / 钟　博
责任校对 / 周瑞红
责任印制 / 边心超

前　言 Preface

统计学是应用数学的一个分支，主要通过利用概率论建立数学模型，收集所观察系统的数据，进行量化的分析、总结，进而进行推断和预测，为相关决策提供依据和参考。近年来，随着科学技术的发展，统计学理论和实用方面的研究非常活跃，论文和综述日益增多，使得统计学进入了飞速发展的时期。而统计学方法中的多元分析的常用方法和灰色系统理论是一门关于数据收集、整理和分析的方法论科学，其目的在于探索数据内在的规律性，利用MATLAB和SPSS软件，通过对量测数据的科学处理和解析，最大限度地从中提取有用信息及其他相关信息。

本书根据应用型本科院校化学化工类专业的特点，以“注重方法、强化应用”为原则，致力于培养学生的数据处理和数据分析的能力，强化其分析问题和解决问题的能力。全书共6章，主要内容包括绪论、分子拓扑指数在有机化合物中的应用、人工神经网络在定量结构一性质相关研究中的应用、灰色系统理论在质量评价中的应用、主成分分析在化学中的应用、聚类分析在化学中的应用等。

本书可作为高等院校化学化工系、统计系、材料科学系、环境化学系等本科高年级学生的学习用书，也可作为从事统计化学研究与教学的工作者以及广大化学化工工作者学习和提高的参考用书。

由于笔者的学术水平和教学经验有限，不足之处在所难免，诚恳地希望读者给予批评指正。

著 者

目　录 Contents

第1章 绪 论

化学是一门实践学科，其研究内容包括物质的组成、结构和性质及其相互联系和变化的规律。到目前为止，已知化合物的数量已超过2 000万种，如此多的化合物所包含的化学知识(信息)量远远超过其他学科，而且这些信息往往是通过实践获得的。在长期的化学实践中，人们积累了海量的化学信息，这些信息散布在浩如烟海的各类化学出版物中，虽然这些化学信息为人们探索自然界的奥秘提供了基础，但迅猛增加的数据量也给人们带来了使用上的困难，常规手段已无法满足化学家的需要，因此各种化学数据库应运而生。近年来，人们在利用数据库对化学数据进行研究时，逐步认识到海量数据的利用十分困难，而且不充分，更具价值的、规律性的信息和知识还隐藏在数据内。如何从化学数据中发现更多、更有价值的化学规律？随着计算机技术的发展，“定量结构—性质/活性相关(QSPR/QSAR)”研究成为目前的一个热点问题。从分子的结构来预测其物理性质、化学性质以及生物活性，这是理论与计算化学、环境、药物、生命科学等学科非常重要同时又远未解决的问题[1-3]。分子拓扑学是现代计算化学、结构化学、量子化学、计算机科学、图论、拓扑学、统计学相互结合的产物。它把数学上的图拓扑性质与化学上的分子结构图对应起来，建立起“数学图—图的矩阵化—图的数值化—拓扑指数的应用”的理论体系，其基本思想是寻找化学图的拓扑不变量，使一个抽象的图形转化为一个没有量纲的数，从而实现“图—结构—数值—性质”的同构关系。迄今为止，有关研究表明，拓扑指数—拓扑不变量具有十分诱人的发展前景。

1.1 QSAR/QSPR研究和拓扑指数

20世纪量子理论的发展产生了许多可以帮助人类预测分子物理或化学性质的方法。然而在大部分的现实生命体系里发生的是内外分子交互作用的复杂过程，如化学反应、生物体系里麻药感受体的反应、环境污染物的退化。这些过程的理论描述用第一原理来说明，甚至借助最先进的计算机分析都是远远不够的。在大范围的化学体系里，用量子理论来解释上述反应过程是很有潜力的。而在多数情况下，这种简单的处理手段是基于化学的直觉或来源于数学上的不同思维。

此外，由于多体问题还缺少分析的结果，一开始，分子量子理论被基本的数学的性质所阐释。分子电子结构计算的每种方法很自然地就被归类于应用数学分支。它的内容间接地与基础物理化学现象联系，并且让人们对一些似是而非的物理作用有基本的了解。因此，模型估计方法的适用性与半经验理论不得不用一个给定的分子化学属性来证实，并且分子化合物还要限制在某个类里。如果没有具体的范围，分子化学属性与其结构的关系就不容易确定下来。

在过去的几十年里，定量的分子结构与其活性或属性之间关系(QSAR/QSPR)的研究已经成为一个强有力的手段，此手段在不同环境里对复杂分子体系的性质可以作出基本的描述和预测。QSAR/QSPR 的研究方法来源于一一对应的分子结构和分子的物理性质、化学属性及其生物属性之间的关系。而前者是由分子里原子的连接性、势能曲面以及分子的电波函数来描述的。各种各样的反映分子结构的物理-化学分子描述值可以由经验，或不同复杂的理论计算方法得到。这里必须强调的一点是，QSAR/QSPR 研究是为了探寻分子构造和三维分子结构。

"直接从分子结构预报有机物的物理以及生物性质是理论和计算化学中一个重要的、尚未解决的问题。"[Ivanciuc 和 Balaban(1999)]这些从实验中测得的物理性质或化学性质，几乎都是由量化的数字来表达的，如沸点、折射率、转移状态能量等。对这些性质的建模也就是寻求存在于化合物的性质和分子结构之间的关系。面对分子建模，人们遇到的第一个富有挑战性的问题是这些性质都是以数字的形式来表现的，而分子结构却不是，解决这个问题的方法是使用分子描述子(即代表不同分子特征信息的数字)来描述量化性质。这些模型就是所谓的量化的结构与化学活性之间的关系(QSAR)和量化的结构与化学属性之间的关系(QSPR)。定义的不同依赖于所研究的性质是生物上的还是物理上的。

从某种角度来看，QSAR/QSPR 研究的重要任务是要利用统计上的或其他的一些方法建立某种分子活性/物理性质和分子描述子之间的关系，即

$$\text{化学活性/物理性质} = f(\text{分子结构}) = f(\text{分子描述子})$$

这里必须注意的是，能够描述这些关系的真实的模型可能会很复杂，通常人们会用某些近似的模型(元模型)来逼近这个真实的模型。元模型也可以被看成"模型的模型"，模型的形式一般是由人们建模所用的方法来确定的。

在 QSAR 和 QSPR 建模中常用的方法大多是线性的方法，如标准最小二乘(OLS)、主成分回归(PCR)[Massy(1965)]、偏最小二乘(PLS)[Wold(1975)]以及岭回归[Hoerl 和 Kennard(1970)]。其他的一些方法则根据各自的规则建立一些非线性的模型，如投影寻踪回归(PPR)[Friedman 和 Tukey(1974)]和人工神经网络[McCulloch 和 Pitts(1943)、Werbos(1974)]。本书中用到的主要方法都基于线性模型。

总的来说，对 QSAR/QSPR 问题的研究可以归结为下面两个步骤：

第 1 步，设计和产生分子描述子。

第 2 步，用适当的分子描述子建立相应的 QSAR/QSPR 模型。

结构描述子和联系分子结构与分子的各种性质的数学模型的发展对 QSAR/QSPR 模型的广泛应用起着主要的作用。QSAR/QSPR 方法的成功是因为其暗含了结构决定性质的规律，并不需要合成和实验测试就能够估计出新的化合物的可能性质。在 QSAR/QSPR 研究中，一个基本的假设是化合物的所有性质(物理的、化学的或生物的)一定与它的分子结构密切相关。基于这个假设，QSPR/QSAR 研究在最近的几十年得到了长足的发展。

1.2　分子拓扑指数理论

分子拓扑指数理论是建立在图的不变量的基础之上的，它试图以这个拓扑不变量与分子的理化性质及生物分子的活性建立某种对应关系。分子拓扑指数在一定程度上表达了分子的本性，它以键合原子和键联方式为研究对象，认为这两个方面决定了分子的结构和功能。由于这种看法抓住了分子主要的结构信息，同时，也由于拓扑指数法在数学处理上相对于量子化学具有简单性，因此，其在化学、生物、药物学、医学、物理学甚至社会科学中都具有巨大的应用价值[3-5]。

1. 图论—拓扑学—分子

图论作为数学的一个分支，它剔除研究对象的物理意义，将其还原为纯粹的数学上的图。用数学公式表达就是 $T=T(E, V)$，E 是边的集合，V 是顶点的集合，图就是由顶点的集合组成的。这个图不计顶点的大小、形状和边的形状、大小、长度及边与边的角度等几何性质，着重表达的是顶点之间通过边的连通关系。一般地说，n 种事物之间的 m 种相互联系的一种联络图就是图论意义上的图，而不顾及 n 种事物的本性及 m 种联结方式。由于这一特点，顶点可以是原子、人、某一事件等，联结关系可以是化学键、人际关系、通信、家族的谱系等。只要把具体的物理系统与数学图对应起来，数学图便成为具有意义的物理事件。因此，图论的应用是多方面的[4-6]。

令人们感到有趣的数学图的拓扑性质，是经过同胚映射而不变的图形的性质，通俗地说，就是图形经过连续变形后仍能保持的性质。人们通过某种方法建立起某种图形的数或量的特征，即拓扑指数。原则上，建立图形不变量的方法是无限的，只要保持图形的拓扑特征，并使图与量之间建立一对一的关系即可。

化学家很早就运用图来表达化合物的结构，这就是化学结构式，它是利用图论研究化学问题的早期形式。结构决定性质，对结构的研究一直是化学家研究的中心问题之一。分子图的拓扑不变量有多种，如总的原子数及总的化学键数。由于数学图不考虑联结顶点的边的长度、大小、形状等几何性质，所以每一边的“长度”可抽象地赋值为1，这样 n 个原子组成的分子图可用相应的 n 阶矩阵描述，矩阵的元素之和的一半即分子图“总边长”为一拓扑不变量，邻接矩阵的特征多项式系数之和亦为分子图的不变量[7-9]。

2. 分子图的矩阵化

矩阵是对分子图的一种精确的数学描述。人们首先将化学结构转变为分子图（由于氢原子对分子的理化性质和生物活性不起根本作用，故忽略氢原子的影响，这样的图称为隐氢图），然后把分子图矩阵化。

3. 分子拓扑指数

分子图或图形矩阵是非数值化的数学对象，而分子的性质和活性都是以一定的数值表达的。为了将分子图与分子的性质联系起来，必须将矩阵数值化。一个代表分子图本性的无量纲的数值与有明确物理意义的分子的性质相关联，这个无量纲的数值就是拓扑指数。

1.3 拓扑指数的发展概况

1947 年，Wiener 提出了第一个拓扑指数——Wiener 指数，随后，数百种拓扑指数相继问世。按照拓扑指数的发展过程及其本身的特点，大致可以把拓扑指数分为三代。

1. 第一代拓扑指数

第一代拓扑指数的特点是计算拓扑指数所依赖的局部顶点不变量为整数，所计算的拓扑指数也是整数。拓扑指数发展的早期所提出的指数一般都属于这一类，如 Wiener 指数、Hosoya 指数 Z、Balaban 的中心指数 C、Schultz 提出的分子拓扑指数 MTI 等。

2. 第二代拓扑指数

第二代拓扑指数的特点是局部顶点不变量为整数，但拓扑指数是实数。它包括由 Randic 提出并由 Kier 和 Hall 扩展的分子连接性指数、信息指数、电子拓扑指数、特征值指数等。

3. 第三代拓扑指数

第三代拓扑指数本身是实数，其局部顶点不变量也是实数。局部顶点不变量可以定义为原子序数、顶点度、化学图距离矩阵的列向加和、电负性以及原子半径等。用实数的局部顶点不变量能定义多种拓扑指数。

拓扑指数的发展速度是惊人的，美国佛罗里达大学的 Kartritzky 研究小组曾研制了用于结构描述符计算和统计分析的软件包 CODESSA(Comprehensive Descriptors for Structural and Statistical Analysis)，它能够计算的结构描述符已多达 400 种，其中有一半为拓扑指数。拓扑指数数量的迅速增加，虽然给拓扑指数的应用带来了方便，但也带来了一些不容忽视的问题。由于物理意义不明确和相互间相关性严重等问题，拓扑指数数量的迅速增加引起了人们的忧虑。事实上，很多拓扑指数的相关性是很严重的，也就是说，它们描述的结构信息相互重叠，但对众多指数的评价却开展得不多。

1.4 研究方法

1. 拓扑指数

化合物的性质是化学的基本研究内容之一。化学家们普遍认为，化合物所表现出来的各种性质(或称性能)与化合物的结构密不可分，即性质是结构的函数。这也是定量结构性能关系(Quantitative Structure Property Relationship，QSPR)研究的基本假设。定量结构性能关系研究也是化学的一个研究热点。QSPR研究的一个重要方面就是化学结构的描述，就是把化学家们习惯使用的以图形形式表达的化学结构用数值表达出来，以便与性能建立关系。在QSPR中常用的结构描述符为拓扑指数和量子化学描述符，其中拓扑指数占有非常重要的地位。

拓扑指数是以图论为基础发展起来的。图论是数学史上一个古老的分支。它把图G定义为顶点V和边E的集合，即$G=G(V, E)$。在化学上，顶点V对应分子中的原子，边E则对应原子间的化学键。一个分子中的原子和化学键如果分别用顶点和边表达，它就可以用一个图来描述，称为化学图。化学图能很好地表达分子中原子间的连接关系，因此，它是表征化学结构的一种有效方法。为了简便，化学图常常只画出分子的骨架，即省略氢原子，称为隐氢化学图(hydrogen-suppressed chemical graph)。

2. 逐步回归分析

逐步回归分析是多元回归分析中为得到“最优回归方程”选择自变量时常用的一种方法。其基本思想是在供选择的m个自变量中，根据各自变量对因变量Y作用的大小，即偏回归平方和大小，由大到小依次逐个引入回归方程。每引入一个自变量，就要对它进行假设检验，当$P\leqslant\alpha$，即其作用有意义时，将该变量引入回归方程，新变量引入回归方程后，对方程中已有的所有自变量要进行假设检验，并把作用最小且退化为无意义的自变量逐个剔除出方程。因此，逐步回归的每一步(引入或剔除一个自变量均为一步)前后，都要进行假设检验，直至方程外没有作用有意义的自变量可引入，方程内也没有作用无意义的自变量要剔除时，回归结束，最后一步所得方程即所求“最优回归方程”。此处假设检验一般用方差分析。

逐步回归分析的基本思想是：逐步回归分析就是从与Y(因变量)有关的变量中选取对Y有显著影响的变量来建立回归方程。也就是说，使影响Y的因素尽可能多地包括进去，同时又能突出一些主要因素，大体有以下几个步骤：①首先计算出各变量之间的简单相关系数矩阵，初步分析的相关性，以及各自变量之间的相关性，观察是否有多重共线性现象；②利用最小二乘法建立多元线性回归方程，并对方程进行优度检验；③如果线性回归方程的优度比较好，则计算出各回归参数的 t 统计量，对每个参数进行显著性检验，在显著性水平 α 下剔除不显著因子；④剔除不显著因子后重新对剩余变量建立线性回归方程，再对各参数进行显著性检验，直到给定的显著性水平 α 下各因子均显著，此时得到的回归方程是优度较高的多元线性回归模型。

多元逐步回归分析是指有两个或两个以上的自变量或者至少有一个非线性解释变量的回归分析，分析模型的表达式为

$$Y=\beta_0+\beta_1X_1+\beta_2X_2+\cdots+\beta_kX_k \tag{1-1}$$

式中，β_0 为回归常数；β_1 为自变量 1 的偏回归系数，β_2 为自变量 2 的偏回归系数，…，β_k 为自变量 k 的偏回归系数；k 为自变量的个数。

3. 分子连接性指数

分子连接性方法使用拓扑学参数，即分子连接性指数(molecular connectivity index)把化合物的结构参数化。分子连接性指数是由 Kier 和 Hall 等人根据拓扑学，在 Randic 分枝指数的基础上提出并发展起来的一种新的、目前最通用的拓扑指数。该方法能根据分子结构的直观概念对分子结构作定量描述，使分子间的结构差异实现定量化。它具有简单、方便、所用指数不依赖实验等优点。同时用分子连接性指数预测某些理化性质的误差接近实验误差，因此它已在多种研究领域中得到广泛应用，大量成功的研究成果也反过来验证了分子连接性方法的应用价值和预测能力[10-12]。

分子连接性指数有四类子图类型：①路径项；②簇项；③路径/簇项；④链项。

4. 量子化学参数

量子化学参数通常分为描述分子电性作用的电子结构参数和描述分子空间几何性质的空间几何参数。通过对薛定谔波动方程的求解，可以得到量子化学参数。随着计算机的发展，量子化学计算越来越简便，因为有多种专门的量子化学计算软件，如 HyperChem、Chemoffice、Gaussian 等软件，它们提供了很多计算模块或程序，使得量子化学计算容易许多，多种量化参数数据也容易得到。

(1)电子结构参数。其主要包括最高占据轨道能量 E_{HOMO}、最低未占据轨道能量 E_{LUMO}、原子静电荷、分子总能量 TE、疏水性参数 $\lg P$、偶极矩等。E_{HOMO} 与分子电离势相关，可以作为分子给出电子能力的量度，E_{HOMO} 负值越大，这一轨道中的电子越稳定，该分子给电子的能力越小；E_{LUMO} 与分子对电子的亲和力相关，其负值越大，则表示电子进入该轨道后体系能量降低得越多，即分子接受电子的能力越强；TE 是反映分子总能量的参数，TE 负值越大，反应活性越高；$\lg P$ 为宏观疏水性参数，它可以反映分子的极性，其大小与分子空间结构相关。

(2)空间几何参数。其主要包括原子间距、键角等，反映化合物分子功效基团的空间结构。间接反映化合物与受体相互作用情况的参数有分子体积、分子表面

积等，它们反映了分子与受体结合时的几何形状是否匹配等。

Hansch 等认为化合物生物活性是电子、立体和疏水三类物化参数的函数，取代基对分子生物性质的影响是由其电子、立体及疏水效应三者中某些或全部因素变化引起的，这三种效应往往同时起作用且彼此独立可加。

5. 人工神经网络

传统的定量结构关系方程统计方法采用多元回归分析，但是对于某些体系，自变量(理化参数)与因变量之间线性较差或者根本不存在线性关系时，尤其是对那些因果关系不明确、推理规则不确定的情况，传统的多元回归分析是极难奏效的，但借助人工神经网络算法就可以圆满地解决这类因果关系不明确或无线性关系的问题。人工神经网络具有独特的学习能力，能够基于数据自动建模，这使得它对因果关系不明确的问题具有极高的解决能力。

人工神经网络并不是生理学神经网络的概念，而只是一种数学抽象描述，它是一类全新的模拟人脑的信息加工处理系统和计算系统。人工神经网络属于人工智能的方法，具有自学习、自适应和自组织能力。

神经网络方法在 1957 年被提出，到了 20 世纪 80 年代受到高度重视并迅速发展，研究以非线性并行分布式处理为主流的神经网络并取得了突出的进展，现在成为多学科研究的焦点与前沿，得到广泛的应用。其应用已渗透到各个领域：智能控制、人工智能、知识工程和生物医学工程等，在生物医学工程中的具体应用如光谱图的分析与预测，蛋白质二级、三级结构预测等。本书主要采用这一方法进行 QSPR 研究，这是一个比较新的应用。人工神经网络用于 QSPR 研究的时间虽然不长，但显示出其极大的优越性。

6. 灰色系统理论

现代科学技术在高度分化的基础上高度综合的大趋势，导致具有方法论意义的系统科学学科群的出现。系统科学揭示了事物之间更为深刻、更具本质性的内在联系，大大促进了科学技术的整体化进程；许多科学领域中长期难以解决的复杂问题随着系统科学的出现迎刃而解；人们对自然界和客观事物演化规律的认识也由于系统科学的出现而逐步深化。于 20 世纪 40 年代末期诞生的系统论、信息论、控制论，产生于 20 世纪 60 年代末 70 年代初的耗散结构理论、协同学、突变论、分形理论以及在 20 世纪 70 年代中后期相继出现的超循环理论、动力系统理论、泛系理论等，都是具有横向性、交叉性的系统科学新学科。

在对系统的研究中，由于内外扰动的存在和人们认识水平的局限，人们所得到的信息往往带有某种不确定性。随着科学技术的发展和人类社会的进步，人们对各类系统不确定性的认识逐步深化，不确定性系统的研究也日益深入。20 世纪后半叶，在系统科学和系统工程领域，各种不确定性系统理论和方法的不断涌现形成一大景观。如扎德教授于 20 世纪 60 年代创立的模糊数学，邓聚龙教授于 20 世纪 80 年代创立的灰色系统理论，帕拉克教授于 20 世纪 80 年代创立的粗糙集理论，王光远教授于

20 世纪 90 年代创立的未确知数学等，都是不确定性系统研究的重要成果。

1982 年，邓聚龙教授创立的灰色系统理论是以“部分信息已知，部分信息未知”的“小样本”“贫信息”不确定性系统为研究对象，主要通过对“部分”已知信息的生成、开发，提取有价值的信息，实现对系统运行行为、演化规律的正确描述和有效监控。社会、经济、农业、工业、生态、生物等许多系统，是按照研究对象所属的领域和范围命名的，而灰色系统却是按颜色命名的。在控制论中，人们常用颜色的深浅形容信息的明确程度，如艾什比(Ashby)将内部信息未知的对象称为黑箱(Black Box)，这种称谓已为人们普遍接受。人们用“黑”表示信息未知，用“白”表示信息完全明确，用“灰”表示部分信息明确、部分信息不明确。相应的，信息完全明确的系统称为白色系统；信息未知的系统称为黑色系统；部分信息明确、部分信息不明确的系统称为灰色系统。

7. 主成分分析法

主成分分析(Principal Components Analysis，PCA)，又称主分量分析，是一种利用降维的思想把多指标转化为少数几个综合指标的技术，也是一种将多个变量化为少数综合变量，即进行特征线性组合的模式识别方法，还是一种通过适当的数学变换，最大限度地保留原样本集所含原始信息，使新变量成为原变量的线性组合并寻求主成分来研究样本的方法。

8. 聚类分析

聚类分析是数理统计中研究“物以类聚”的一种多元分析方法，即用数学定量地确定事物之间的亲疏关系，从而客观地分型划类。此外，它还可以与判别、回归、主成分分析、因子分析等综合运用，有效地解决多变量的统计问题。聚类分析已经在众多领域中得到了广泛应用，并取得了令人满意的效果和可观的效益[1]。其应用范围涉及通信系统中的信道均衡、向量量化编码中的码书设计、时间序列的预测、神经网络的训练、参数估计、医学诊断、天气预报、食品分类、市场分析、图像处理、水质分析等。

1.5 统计学方法计算工具

1. MATLAB 语言

MATLAB(Matrix Laboratory)是美国 Mathworks 公司在 20 世纪 80 年代中期推出的数学软件。经过 30 多年的发展，它已经成为科学计算、视图交互系统、动态系统仿真等的基本工具。MATLAB 的优势主要体现在：①语言简洁紧凑，使用方便灵活，库函数极其丰富，压缩了一切不必要的编程工作。②运算符丰富。MATLAB 是由 C 语言编写的，它提供了和 C 语言几乎一样的运算符。③语法限制不严格，程序设计自由度大。④程序有很好的可移植性，基本上不用作修改就可在各种型号的计算机和操作系统上运行。⑤图形功能强大，数据的可视化非常简单。⑥功能强劲的工具箱是 MATLAB 的另一重大特色。化学领域中常用到的工具箱有分析与综合工具箱（Analysis and Synthesis Toolbox）、神经网络工具箱（Neural Network Toolbox）、最优化工具箱（Optimization Toolbox）等。

2. SPSS 统计软件

SPSS 的全称为 Statistical Package for the Social Science，即社会科学统计软件包，是国际上最流行的统计软件之一，也是世界上用户较多的统计分析软件系统，它可以解决数理统计与多元统计分析中的大量问题，而不用编制大量的程序，可以通过菜单和命令方式实现统计中描述性分析、非参数检验等方法。

本书主要应用 SPSS 19.0 的变量相关性分析，主要是逐步回归分析方法。

1.6　统计学方法的应用

采用分子拓扑指数来研究分子的结构与性能关系是一种行之有效的方法。分子的拓扑指数是分子在内外因素的影响下连续形变的过程中始终保持不变的性质，它是分子的固有性质之一。目前有 200 多种不同定义的分子拓扑指数，其中著名的有 Wiener 指数、Randic 指数、Balaban 指数、Kier 和 Hall 提出的分子连接性指数，但它们都只适用于有机化合物，对元素及无机化合物的分子拓扑理论研究还很少。最近，张宏光、辛厚文提出了适用无机化合物的分子键参数拓扑指数，吴启勋等又在分子键参数的基础上提出了元素的键参数拓扑指数，他们将键参数拓扑指数应用于金属氧化物超导材料临界温度关联和镧系元素水化能等物理化学性质关联中，并取得了良好的结果。

统计学方法中的多元分析有参数检验、非参数检验、相关分析、回归分析、聚类分析、判别分析、主成分分析、因子分析、关联分析、决策树分析、贝叶斯、时间序列、灰色系统理论、人工神经网络等方法。本书重点简述回归分析、聚类分析、主成分分析、灰色系统理论、人工神经网络等方法。

参考文献

Reference

[1] 王连生，韩朔睽，等．有机物定量结构—活性关系[M]. 北京：中国环境科学出版社，1993.

[2] 辛厚文．分子拓扑学[M]．合肥：中国科学技术大学出版社，1992.
[3] Harry Wiener. Correlation of Heats of Isomerization，and Differences in Heats of Vaporization of Isomers，Among the Paraffin Hydrocarbons [J]. Am. Chem. Soc.，1947，69(17)：2636.
[4] 许禄．化学计量学方法[M]．北京：科学出版社，1995.
[5] [罗] A. T. 巴拉班．图论在化学中应用[M]．金晓龙，等译．北京：科学出版社，1983.
[6] H Hosoya，K Kawasaki，K Mizutani. Topological Index and Thermodynamic Properties. I. Empirical Rules on the Boiling Point of Saturated Hydrocarbons[J]. Bulletin of the Chemical Society of Japan，1972，45(11)：3415－3421.
[7] 卢焕章．石油化工基础数据手册[M]．北京：化学工业出版社，1982.
[8] 马沛生．石油化工基础数据手册续编[M]．北京：化学工业出版社，1993.
[9] Jolly W L. Modern Inorganic Chemistry [M]. New York：McGraw-Hill，1984.
[10] Weast R C. Handbook of Chemistry and Physics[M]. Boca Raton：CRC-Press Inc.
[11] 冯光熙，黄祥玉，申泮文，等．无机化学丛书(第一卷)[M]．北京：科学出版社，1984.
[12] Milan Randic. On Characterization of Molecular Branching[J]. J. Am. Chem. Soc.，1975，97(23).

第2章　分子拓扑指数在有机化合物中的应用

2.1　引　　言

分子拓扑指数法是计算化学、环境化学以及化学信息学中十分活跃的研究方法之一。定量构性关系的研究实际上涉及了化学学科的一个根本性的问题——如何从物质的化学成分与结构定量预测其化学特性。本书主要论及的定量构性关系是以宏观的角度，直接从试验数据或某些量化的结构数据出发，采用统计学方法建立起某些化学结构与性质的关系。本章主要研究讨论分子拓扑指数法，其创新点是设计并计算新的分子拓扑指数，此指数具有高选择性和高相关性，用此拓扑指数对部分化合物的物理化学性质进行回归分析，可得到良好的结果。

2.2　分子拓扑指数的构建

一个好的拓扑指数，应同时具有好的性质相关性和高的结构选择性。而对于复杂的有机物体系来说，不同类型(即结构官能团不同)的化合物，如烷烃、烯烃、炔烃等，影响其物理化学性质的因素也会有一定差异。为了建立比较理想的分子拓扑指数，人们在化合物分子距离矩阵的基础之上，对不同类的有机物，采用适当修正的办法定义其拓扑指数。

2.2.1　饱和烷烃、环烷烃、醇类分子拓扑指数 T 的构建

将分子的距离矩阵和邻接矩阵作为原子的特征，描述 N 个原子组成的分子，以2-甲基丁烷为例，其隐氢图为

$$
\begin{array}{ccccccc}
C_{(1)} & — & C_{(2)} & — & C_{(3)} & — & C_{(4)} \\
 & & & & & & | \\
 & & & & & & C_{(5)}
\end{array}
$$

其距离矩阵 $\boldsymbol{D}$ 和邻接矩阵 $\boldsymbol{A}$ 分别为

$$D=\begin{bmatrix}0&1&2&3&2\\1&0&1&2&1\\2&1&0&1&2\\3&2&1&0&3\\2&1&2&3&0\end{bmatrix}$$

$$A=\begin{bmatrix}0&1&0&0&0\\1&0&1&0&1\\0&1&0&1&0\\0&0&1&0&0\\0&1&0&0&0\end{bmatrix}$$

显然，$W=8+4+3+3=18$，$V=1+3+2+1+1=8$。

其中，W 为维纳指数，V 是该分子中各个碳原子点价的加和，使用 W 和 V，定义一个新的拓扑指数：$T=W\times V$。例如，对2-甲基丁烷：$T=18\times 8=144$。

2.2.2 烯烃、炔烃分子拓扑指数 T 的构建

将分子的距离矩阵和邻接矩阵作为原子的特征，描述 N 个原子组成的分子，由于双键和叁键的存在，可在双键和叁键位置的两个碳原子的距离上各加 0.1 和 0.2，以区别饱和烃类化合物的距离矩阵。以 2-甲基-1-丁烯为例，其隐氢图为

$$\begin{array}{c}C_{(1)}=C_{(2)}-C_{(3)}-C_{(4)}\\ \qquad\quad|\qquad\qquad\qquad\\ \qquad\quad C_{(5)}\qquad\qquad\quad\end{array}$$

其距离矩阵 D 和邻接矩阵 A 分别为

$$D=\begin{bmatrix}0.1&1.1&2&3&2\\1.1&0.1&1&2&1\\2.1&1.1&0&1&2\\3.1&2.1&1&0&3\\2.1&1.1&2&3&0\end{bmatrix}$$

$$A=\begin{bmatrix}0&1&0&0&0\\1&0&1&0&1\\0&1&0&1&0\\0&0&1&0&0\\0&1&0&0&0\end{bmatrix}$$

显然，$W=8.2+5.2+6.2+9.2+8.2=37$，$V=1+3+2+1+1=8$。

2.3　分子连接性指数 P 的构建

2.3.1　饱和烷烃、环烷烃、烯烃、炔烃类分子连接性指数 P 的构建

价键连接性指数：

以分子图的邻接矩阵为基础，由 t_i 建构新的价键连接性指数 P：

$$P = \sum (t_i, t_j, t_k, \cdots)^{-1/2} \tag{2-1}$$

其中，0 阶指数 P_1，1 价指数 P_2 的计算公式为

$$P_1 = \sum (t_i)^{-1/2} \tag{2-2}$$

$$P_2 = \sum (t_i, t_j)^{-1/2} \tag{2-3}$$

式中，t_i、t_j 分别为第 i 边上两端点的度，即该点碳原子上所连其他碳原子的数目。

式(2-2)中的“$\sum$”是对分子中的全部非氢原子(点)求和；式(2-3)中的“$\sum$”是对分子中的全部化学键(边)求和。

以 2-甲基-2-丁烯为例，其隐氢图为：

$$\begin{array}{c} C_{(1)} - C_{(4)} = C_{(3)} - C_{(1)} \\ \quad | \qquad\qquad\qquad \\ \quad C_{(1)} \qquad\qquad\qquad \end{array}$$

其指数 P_1、P_2 分别为

$$P_1 = 3\times(1)^{-1/2} + (3)^{-1/2} + (4)^{-1/2} = 4.077\,4$$

$$P_2 = 2\times(1\times4)^{-1/2} + (4\times3)^{-1/2} + (1\times3)^{-1/2} = 1.866\,0$$

2.3.2　醇、醛酮、酯类分子连接性指数 P 的构建

在众多的预测模型中，分子连接性指数法以其简便、准确、所用参数不依赖实验等优点而被广泛应用。分子连接性指数是由 Kier 等人根据拓扑理论，在 Randic 分支指数的基础上提出和发展起来的一种新的拓扑学参数。本书在邻接矩阵的基础上构建一个包含醇、醛酮、酯类化合物分子结构大部分信息的新拓扑指数 P，并用了 0 阶指数 P_1、1 阶指数 P_2。

构建方法：成键原子的化学行为与其电子层数、价电子数、电负性等因素密切相关，由此定义表征成键原子化学特征的点价为

$$t_i = m_i(n_i - 1)\,(x_c/x_i)^{1/2} - h_i \tag{2-4}$$

式中，h_i 为原子 i 连接的氢原子数，m_i、n_i、x_i 分别是原子 i 的价电子数、电子层数和鲍林电负性，x_c 为碳原子的鲍林电负性。

醇中氧原子的 t_o 为

$$t_o = 6/(2-1)/(2.55/3.44)^{1/2} - 1 = 4.1659$$

醛酮、酯、羧酸类中氧原子的 t_o 为

$$t_o = 6/(2-1)/(2.55/3.44)^{1/2} = 5.1659$$

以分子图的邻接矩阵为基础，由 t_i 构建新的价连接性指数 P，见式(2-1)。其中 0 阶指数 P_1、1 阶指数 P_2 的计算公式见式(2-2)和式(2-3)。

对于醇类：

以 2-甲基-1-丙醇为例，其隐氢图为

$$\begin{array}{c} C_{(1)} - C_{(3)} - C_{(2)} - O_{(4.1659)} \\ \quad\ | \quad\quad\quad\quad\quad\quad\quad \\ \quad C_{(1)} \quad\quad\quad\quad\quad\quad \end{array}$$

其指数 P_1、P_2 分别为

$$P_1 = 2\times(1)^{-1/2} + (2)^{-1/2} + (3)^{-1/2} + (4.1659)^{-1/2} = 3.7744$$

$$P_2 = 2\times(1\times3)^{-1/2} + (2\times3)^{-1/2} + (2\times4.1659)^{-1/2} = 1.9093$$

对于醛酮、酯、羧酸类：

以甲乙酮为例，其隐氢图为

$$\begin{array}{c} C_{(1)} - C_{(4)} - C_{(2)} - C_{(1)} \\ \quad \| \quad\quad\quad\quad \\ \quad O_{(5.1659)} \quad\quad \end{array}$$

其指数 P_1、P_2 分别为

$$P_1 = 2\times(1)^{-1/2} + (2)^{-1/2} + (4)^{-1/2} + (5.1659)^{-1/2} = 3.6471$$

$$P_2 = (1\times2)^{-1/2} + (2\times4)^{-1/2} + (4\times5.1659)^{-1/2} + (1\times4)^{-1/2} = 1.7808$$

2.4 分子拓扑指数用于有机化合物的性质研究

有机化合物的沸点、标准生成焓、临界温度、临界压力、溶解度以及分配系数都是其基本的物理化学性质，在化工过程设计和优化中有非常重要的应用价值。建立这些性质的预测方法对化学、化工过程具有非常重要的意义。本章应用分子拓扑指数和结构参数线性回归建立了可以用于预测烷烃沸点、有机化合物的临界温度等的 QSPR 模型。

2.4.1 饱和链烷烃沸点的分子拓扑研究

结构决定性质，性质反映结构，这是化学、生物学等学科的一条基本规律[1,2]。分子的结构与性质之间存在密切关系。近年来，应用拓扑指数预测化合物的物理化学性质越来越受到人们的重视。迄今为止，已经有拓扑指数 200 余种[3]，

拓扑指数法以其计算简单、应用方便、不依赖实验等优点而在 QSPR/QSAR 领域中发挥重要作用[4]。本书构建了新的拓扑指数，用于对饱和链烃类化合物的性质进行预测，获得了良好的相关模型，其预测结果令人满意。

应用上述方法，计算 2～10 个碳原子的饱和链烃类化合物分子的 T 指数及相应的沸点[5]，并将它们列于表 2-1 中。

表 2-1　饱和链烃类化合物分子的 T 指数及相应的沸点

序号	化合物	T	P_2	b. p. /℃ (exp)	b. p. /℃ (cal)	相对误差/%
1	ethane	2.0	1.000 0	−88.630	−85.123	−3.957
2	propane	16.0	1.414 2	−42.070	−40.190	−4.470
3	2-methylpropane	54.0	1.732 1	−11.730	−7.528	−35.821
4	butane	60.0	1.914 2	−0.500	−1.342	168.303
5	2，2-dimethylpropane	128.0	2.000 0	9.500	19.078	100.819
6	2-methylbutane	144.0	2.270 1	27.800	27.672	−0.462
7	pentane	160.0	2.414 2	36.074	33.401	−7.411
8	2，2-dimethylbutane	280.0	2.560 7	49.741	51.788	4.115
9	2，3-dimethylbutane	290.0	2.642 5	57.988	54.464	−6.077
10	2-methylpentane	320.0	2.770 2	60.271	59.911	−0.597
11	3-methylpentane	310.0	2.808 2	63.282	59.772	−5.547
12	hexane	350.0	2.914 2	68.740	65.468	−4.760
13	2，2，3-trimethylbutane	504.0	2.943 2	80.882	76.984	−4.819
14	2，2-dimethylpentane	552.0	3.060 7	79.197	82.193	3.783
15	3，3-dimethylpentane	528.0	3.121 3	86.064	82.060	−4.652
16	2，3-dimethylpentane	552.0	3.180 0	89.784	84.636	−5.734
17	2，4-dimethylpentane	576.0	3.125 9	80.500	84.851	5.404
18	2-methylhexane	624.0	3.270 0	90.052	90.308	0.284
19	3-methylhexane	600.0	3.308 1	91.850	89.856	−2.170
20	3-ethylhexane	576.0	3.346 1	93.475	89.359	−4.403
21	heptane	672.0	3.414 2	98.420	95.603	−2.862
22	2，2，3，3-tetramethylbutane	812.0	3.250 0	106.470	98.323	−7.652
23	2，2，3-trimethylpentane	882.0	3.481 4	109.843	105.765	−3.713
24	2，3，3-trimethylpentane	826.0	3.504 0	114.760	104.081	−9.306
25	2，2，4-trimethylpentane	924.0	3.416 5	99.238	105.969	6.783
26	2，2-dimethylhexane	994.0	3.560 7	106.840	111.346	4.218
27	3，3-dimethylhexane	938.0	3.621 3	111.060	110.660	−0.360
28	3-ethyl-3-methylpentane	896.0	3.681 9	118.259	110.388	−6.656

续表

序号	化合物	T	P_2	b. p. /℃ (exp)	b. p. /℃(cal)	相对误差/%
29	2，3，4-trimethylpentane	910.0	3.553 4	113.460	108.268	−4.576
30	2，3-dimethylhexane	980.0	3.680 7	115.600	113.331	−1.963
31	3-ethyl-2-methylpentane	938.0	3.718 8	115.650	112.656	−2.589
32	3，4-dimethylhexane	938.0	3.718 8	117.725	112.656	−4.306
33	2，4-dimethylhexane	994.0	3.663 9	100.429	113.459	12.975
34	2，5-dimethylhexane	1 036.0	3.625 9	100.103	114.065	13.948
35	2-methylheptane	1 106.0	3.770 1	117.647	119.219	1.336
36	3-methylheptane	1 064.0	3.808 1	118.925	118.691	−0.196
37	4-methylheptane	1 050.0	3.808 8	117.709	118.261	0.469
38	3-ethylhexane	994.0	3.851 0	118.534	117.290	−1.049
39	octane	1 176.0	3.914 2	125.660	124.252	−1.121
40	2，2，3，3-tetramethylpentane	1 312.0	3.810 7	140.270	125.886	−10.255
41	2，2，3，4-tetramethylpentane	1 376.0	3.854 2	133.000	128.426	−3.439
42	2，2，3-trimethylhexane	1 472.0	3.981 4	131.700	133.383	1.278
43	3-ethyl-2，2-dimethylpentane	1 408.0	4.019 3	133.830	132.607	−0.914
44	3，3，4-trimethylhexane	1 408.0	4.042 1	140.500	133.073	−5.286
45	2，3，3，4-tetramethylpentane	1 344.0	3.887 0	141.500	128.282	−9.342
46	2，3，3-trimethylhexane	1 440.0	4.004 2	137.700	133.081	−3.354
47	3-ethyl-2，3-dimethylpentane	1 376.0	4.064 9	141.600	132.740	−6.257
48	2，2，4，4-tetramethylpentane	1 408.0	3.707 2	122.700	126.216	2.866
49	2，2，4-trimethylhexane	1 504.0	3.954 5	126.500	133.587	5.602
50	2，4，4-trimethylhexane	1 472.0	3.977 3	126.500	133.299	5.375
51	2，2，5-trimethylhexane	1 568.0	3.916 6	124.000	134.279	8.289
52	2，2-dimethylheptane	1 664.0	4.060 7	132.700	139.335	5.000
53	3，3-dimethylheptane	1 568.0	4.121 4	137.300	138.472	0.854
54	4，4-dimethylheptane	1 536.0	4.121 4	135.200	137.745	1.882
55	3-ethyl-3-methylhexane	1 472.0	4.182 1	140.600	137.493	−2.210
56	3，3-diethylpentane	1 408.0	4.242 8	146.200	137.183	−6.168
57	2，3，4-trimethylhexane	1 472.0	4.091 6	139.000	135.640	−2.417
58	3-ethyl-2，4-dimethylpentane	1 440.0	3.886 9	136.730	130.680	−4.425
59	2，3，5-trimethylhexane	1 536.0	4.203 4	131.300	139.424	6.187
60	2，3-dimethylheptane	1 632.0	4.180 8	140.500	141.105	0.430
61	3-ethyl-2-methylhexane	1 536.0	4.218 7	138.000	139.737	1.259

续表

序号	化合物	T	P_2	b. p. /℃ (exp)	b. p. /℃ (cal)	相对误差/%
62	3，4-dimethylheptane	1 568.0	4.218 7	140.100	140.464	0.260
63	3-ethyl-4-methylhexane	1 504.0	4.256 6	140.400	139.773	−0.447
64	2，4-dimethylheptane	1 568.0	4.163 9	133.500	139.342	4.376
65	4-ethyl-2-methylhexane	1 568.0	4.201 8	133.800	140.118	4.722
66	3，5-dimethylheptane	1 600.0	4.201 8	136.000	140.833	3.553
67	2，5-dimethylheptane	1 664.0	4.163 9	136.000	141.448	4.006
68	2，6-dimethylheptane	1 728.0	4.126 0	135.200	142.018	5.043
69	2-methyloctane	1 824.0	4.100 9	142.800	143.443	0.450
70	3-methyloctane	1 776.0	4.308 7	143.300	146.740	2.401
71	4-methyloctane	1 728.0	4.307 8	142.400	145.741	2.346
72	3-ethylheptane	1 664.0	4.345 9	143.000	145.175	1.521
73	4-ethylheptane	1 632.0	4.315 9	141.200	143.871	1.892
74	nonane	1 920.0	4.414 2	150.770	151.710	0.623
75	decane	2 970.0	4.914 2	178.150	178.185	0.020

注：exp 代表实验值，cal 代表计算值。

通过对上述饱和链烷烃的 T、P_2 指数进行计算，结果表明：具有高的选择性，可以有效区分饱和链烷烃同系物及同分异构体。将计算值与实验值对比可以发现，实验值与计算值吻合良好。经过计算，得到

$$\text{总的平均相对误差}=\frac{1}{75}\sum|\text{相对误差}|=2.679\ 10\%$$

为直观起见，用散点图来表示饱和链烷烃沸点实验值与计算值的相关程度，如图 2-1 所示。

由图 2-1 可以看出，饱和链烷烃的 T、P_2 指数值与沸点的关联程度尽管小，但它们之间的线性关系比较明显。

将烷烃沸点 b. p.(℃)与 T 建立回归方程：

$$\text{b. p.(℃)}=-228.400+20.476P_2+112.609T^{1/8} \tag{2-5}$$

$$R=0.993,\ S=5.647\ 944,\ F=2\ 491.757,\ n=75$$

作为对比，本书列出了 Randic 指数 X 和 Y_x 指数对 2～8 个碳原子的 39 个烷烃的沸点的相关方程：

$$\text{b. p.(℃)}=-130.426\ 8+67.485\ 0X \tag{2-6}$$

$$R=0.988,\ F=1\ 305,\ S=7.578,\ n=39$$

$$\text{b. p.(℃)}=-189.117\ 2+84.041\ 0Y_x \tag{2-7}$$

$$R=0.987,\ F=80.48,\ S=7.981,\ n=39$$

式中，R 为相关系数，S 为估计标准偏差，F 为 Fisher 检验值，n 为样本数。

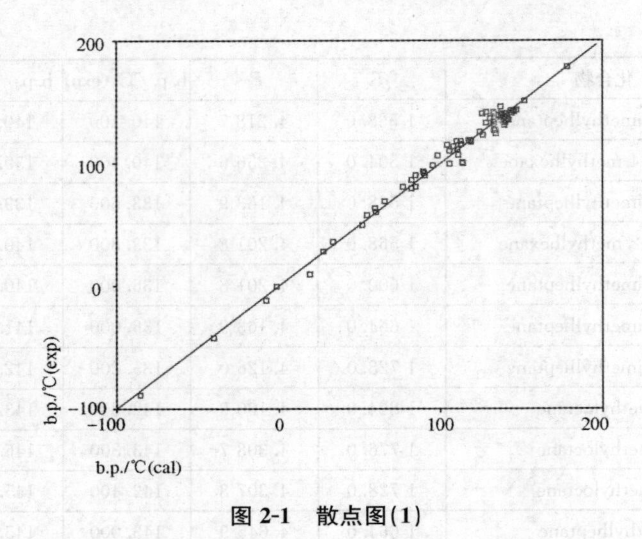

图 2-1　散点图(1)

利用 SPSS 软件处理得到三维散点分布图，如图 2-2 所示。

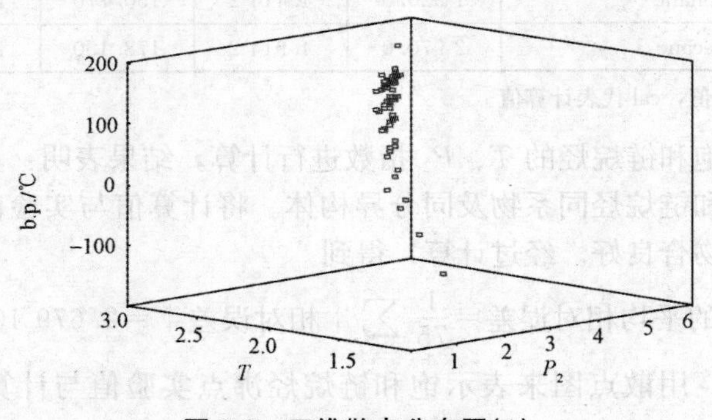

图 2-2　三维散点分布图(1)

利用 SPSS 软件处理得到残差频率分布图，如图 2-3 所示。

利用 SPSS 软件处理得到残差分布图，如图 2-4 所示。

Mihalic 等人认为，一个好的定量结构与性质(QSPR)模型必须满足 $R>0.99$，本书建立的方程符合要求。

由于烷烃分子通常是非极性或弱极性分子，因此影响其沸点的主要因素是分子间的色散力。分子越大，接触面积越大，则色散力越大，沸点越高；此外，其还与碳链分支程度和分支位置有关，烷烃的形状越似球体，分子间的距离越大，相应色散力越小，沸点越低。T 较好地反映了这些特点，其与沸点建立的方程是有效的。

T 的物理意义明确，使结构与性质显著相关。用 T 和 P_2 表示 b. p. (℃)，具有计算简便的特点，且引入 P_2 消除简并度，以实现对分子结构的唯一表征。Razinger 提出选择性系数 $C_{(s)}=N_{(val)}/N_{(str)}$，其中 $N_{(val)}$ 为拓扑指数可区分的异构体数，

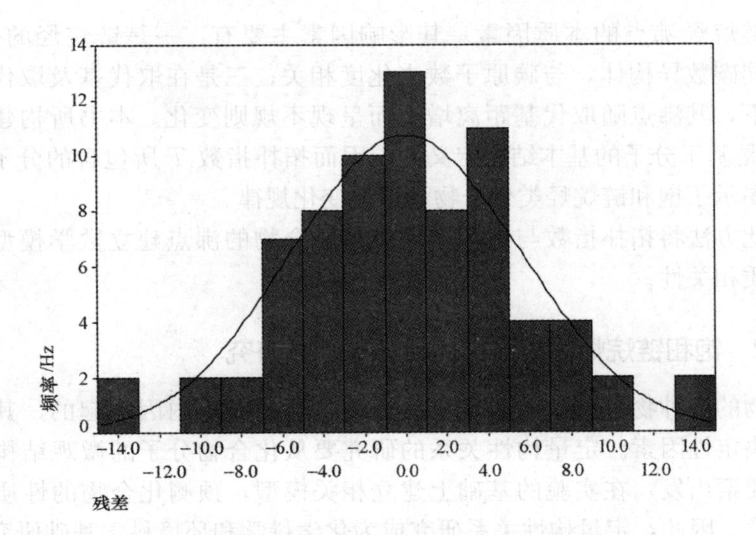

图 2-3　残差频率分布图(1)

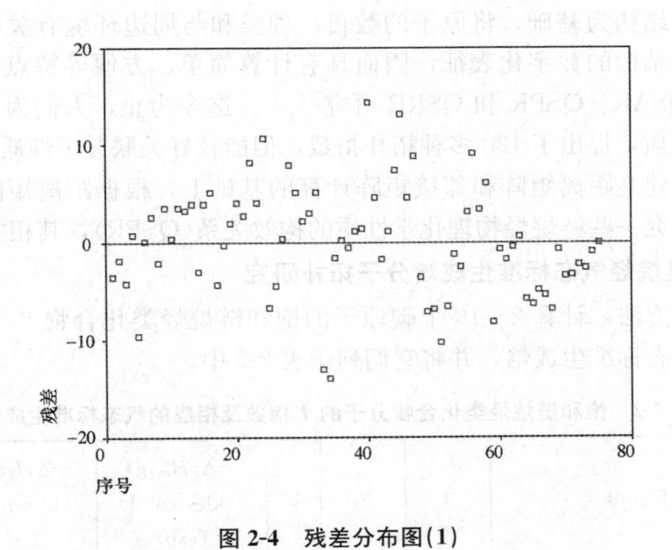

图 2-4　残差分布图(1)

$N_{(str)}$ 为同碳异构体数。本书中 $C_{(s)}=1$，没有简并现象。总之，本书用 T 表征烷烃结构与沸点的关系优于单一的 P_2。

比较式(2-5)～式(2-7)可以看出，T 指数与饱和链烷烃的沸点具有良好的相关性，优于 Randic 指数 X 和 Y_x 指数。T 包含了丰富的结构信息，T 与链烷烃的 n 同向变化，即 T 揭示了链烷烃的分子大小。对于同碳数链烷烃的异构体，T 与支化度反向变化，即取代基越多，其 T 值越小。当分支数相同时，T 随分支位置的不同而不同，因此，T 能反映链烷烃的分子大小及分支等分子结构信息。T 揭示了影响饱和链烷烃沸点的本质因素。其影响因素主要有：一是链烷烃的分子大小；二是对于同碳数异构体，与碳原子数支化度相关；三是在取代基及取代基数目相同的情况下，其沸点随取代基距离增大而呈现不规则变化。本书所构建的分子拓扑指数 T 是基于分子的基本结构定义的，因而拓扑指数 T 所包含的分子结构信息非常好地揭示了饱和链烷烃类化合物沸点的变化规律。

通过此方法将拓扑指数与饱和链烷烃类化合物的沸点建立数学模型，其具有良好的性质相关性。

2.4.2 饱和链烷烃热力学性质的分子拓扑研究

化合物的各种物理化学性质及反应活性归根到底是内因引起的，其分子的微观结构是决定性因素。定量构性关系的研究要从化合物分子的微观结构和能量特性等理化要素出发，在实验的基础上建立相关模型，预测化合物的性质与反应活性规律[6−13]。因此，定量构性关系研究成为化学科学和环境科学基础研究中的一个前沿领域。在定量构性关系的应用中，使用最多的是分子拓扑指数。分子拓扑指数完全以分子结构为基础，将原子的数目、种类和与周边环境有关的数值作为参数，实现分子结构的数字化表征，因而具有计算简单、方便等特点，广泛地应用于化合物的 QSAR、QSPR 和 QSRR 研究[14,15]。迄今为止，人们为了研究链烷烃的物理化学性质，提出了 120 多种拓扑指数，但能较好关联分子性质的仅占很小的部分。本书在建立距离矩阵和邻接矩阵计算的基础上，根据距离矩阵和分子价连接性指数来研究一些链烷烃物理化学性质的构效关系（QSPR)，其相关性明显。

1. 饱和链烷烃气态标准生成焓分子拓扑研究

应用上述方法，计算 2～10 个碳原子的饱和链烷烃类化合物[16,17]分子的 T 指数及相应的气态标准生成焓，并将它们列于表 2-2 中。

表 2-2 饱和链烷烃类化合物分子的 T 指数及相应的气态标准生成焓

序号	化合物	T	P_2	V	$-\Delta fH_m^\theta(g)$ /(kJ · mol^{-1}) (exp)	$-\Delta fH_m^\theta(g)$ /(kJ · mol^{-1}) (cal)	相对误差/%
1	ethane	2.0	1.000 0	2	84.68	83.76	−1.083
2	propane	16.0	1.414 2	4	103.90	108.44	4.368
3	2-methylpropane	54.0	1.732 1	6	134.50	134.86	0.266
4	butane	60.0	1.914 2	6	126.10	129.38	2.604
5	2，2-dimethylpropane	128.0	2.000 0	8	166.00	162.07	−2.368
6	2-methylbutane	144.0	2.270 1	8	154.50	153.82	−0.438
7	pentane	160.0	2.414 2	8	146.40	150.15	2.560

续表

序号	化合物	T	P_2	V	$-\Delta fH_m^\theta(g)$ /(kJ·mol^{-1}) (exp)	$-\Delta fH_m^\theta(g)$ /(kJ·mol^{-1}) (cal)	相对误差/%
8	2，2-dimethylbutane	280.0	2.560 7	10	185.60	179.69	−3.182
9	2，3-dimethylbutane	290.0	2.642 5	10	176.90	177.30	0.227
10	2-methylpentane	320.0	2.770 2	10	174.30	174.43	0.076
11	3-methylpentane	310.0	2.808 2	10	171.60	172.39	0.458
12	hexane	350.0	2.914 2	10	167.20	170.82	2.168
13	2，2，3-trimethylbutane	504.0	2.943 2	12	204.80	202.51	−1.117
14	2，2-dimethylpentane	552.0	3.060 7	12	206.10	200.14	−2.891
15	3，3-dimethylpentane	528.0	3.121 3	12	201.50	196.87	−2.296
16	2，3-dimethylpentane	552.0	3.180 0	12	199.20	195.67	−1.771
17	2，4-dimethylpentane	576.0	3.125 9	12	202.00	198.67	−1.650
18	2-methylhexane	624.0	3.270 0	12	194.90	195.11	0.109
19	3-methylhexane	600.0	3.308 1	12	192.30	192.78	0.248
20	3-ethylhexane	576.0	3.346 1	12	189.70	190.42	0.377
21	heptane	672.0	3.414 2	12	187.80	191.45	1.945
22	2，2，3，3-tetramethylbutane	812.0	3.250 0	14	225.90	227.28	0.612
23	2，2，3-trimethylpentane	882.0	3.481 4	14	220.10	220.69	0.268
24	2，3，3-trimethylpentane	826.0	3.504 0	14	216.40	218.19	0.828
25	2，2，4-trimethylpentane	924.0	3.416 5	14	224.10	224.31	0.094
26	2，2-dimethylhexane	994.0	3.560 7	14	224.70	220.80	−1.735
27	3，3-dimethylhexane	938.0	3.621 3	14	220.10	217.02	−1.397
28	3-ethyl-3-methylpentane	896.0	3.681 9	14	215.00	213.58	−0.661
29	2，3，4-trimethylpentane	910.0	3.553 4	14	217.40	218.79	0.639
30	2，3-dimethylhexane	980.0	3.680 7	14	213.90	215.94	0.951
31	3-ethyl-2-methylpentane	938.0	3.718 8	14	211.20	213.37	1.028
32	3，4-dimethylhexane	938.0	3.718 8	14	213.00	213.37	0.174
33	2，4-dimethylhexane	994.0	3.663 9	14	219.40	216.94	−1.123
34	2，5-dimethylhexane	1 036.0	3.625 9	14	222.60	219.45	−1.416
35	2-methylheptane	1 106.0	3.770 1	14	215.50	215.79	0.134
36	3-methylheptane	1 064.0	3.808 1	14	212.60	213.33	0.343
37	4-methylheptane	1 050.0	3.808 8	14	212.10	212.95	0.401
38	3-ethylhexane	994.0	3.851 0	14	210.90	209.92	−0.462

续表

序号	化合物	T	P_2	V	$-\Delta f H_m^\theta(g)$ /(kJ·mol^{-1}) (exp)	$-\Delta f H_m^\theta(g)$ /(kJ·mol^{-1}) (cal)	相对误差/%
39	octane	1 176.0	3.914 2	14	208.40	212.05	1.752
40	2，2，3，3-tetramethylpentane	1 312.0	3.810 7	16	237.20	244.04	2.882
41	2，2，3，4-tetramethylpentane	1 376.0	3.854 2	16	237.00	243.75	2.848
42	2，2，3-trimethylhexane	1 472.0	3.981 4	16	241.20	240.91	−0.118
43	3-ethyl-2，2-dimethylpentane	1 408.0	4.019 3	16	238.30	238.22	−0.034
44	3，3，4-trimethylhexane	1 408.0	4.042 1	16	235.90	237.36	0.621
45	2，3，3，4-tetramethylpentane	1 344.0	3.887 0	16	236.30	241.85	2.351
46	2，3，3-trimethylhexane	1 440.0	4.004 2	16	238.80	239.43	0.263
47	3-ethyl-2，3-dimethylpentane	1 376.0	4.064 9	16	233.50	235.86	1.009
48	2，2，4，4-tetramethylpentane	1 408.0	3.707 2	16	242.00	249.91	3.270
49	2，2，4-trimethylhexane	1 504.0	3.954 5	16	243.20	242.55	−0.269
50	2，4，4-trimethylhexane	1 472.0	3.977 3	16	240.80	241.07	0.111
51	2，2，5-trimethylhexane	1 568.0	3.916 6	16	254.00	245.18	−3.472
52	2，2-dimethylheptane	1 664.0	4.060 7	16	246.80	241.54	−2.132
53	3，3-dimethylheptane	1 568.0	4.121 4	16	241.60	237.51	−1.694
54	4，4-dimethylheptane	1 536.0	4.121 4	16	241.60	236.90	−1.944
55	3-ethyl-3-methylhexane	1 472.0	4.182 1	16	236.30	233.39	−1.230
56	3，3-diethylpentane	1 408.0	4.242 8	16	232.00	229.84	−0.929
57	2，3，4-trimethylhexane	1 472.0	4.091 6	16	235.10	236.79	0.717
58	3-ethyl-2，4-dimethylpentane	1 440.0	3.886 9	16	235.10	243.82	3.710
59	2，3，5-trimethylhexane	1 536.0	4.203 4	16	242.80	233.83	−3.694
60	2，3-dimethylheptane	1 632.0	4.180 8	16	235.60	236.46	0.366
61	3-ethyl-2-methylhexane	1 536.0	4.218 7	16	232.80	233.26	0.197
62	3，4-dimethylheptane	1 568.0	4.218 7	16	232.80	233.86	0.456
63	3-ethyl-4-methylhexane	1 504.0	4.256 6	16	229.90	231.23	0.577
64	2，4-dimethylheptane	1 568.0	4.163 9	16	240.10	235.92	−1.743
65	4-ethyl-2-methylhexane	1 568.0	4.201 8	16	237.60	234.50	−1.307
66	3，5-dimethylheptane	1 600.0	4.201 8	16	237.60	235.09	−1.057
67	2，5-dimethylheptane	1 664.0	4.163 9	16	240.50	237.67	−1.176
68	2，6-dimethylheptane	1 728.0	4.126 0	16	243.40	240.22	−1.306
69	2-methyloctane	1 824.0	4.100 9	16	236.20	242.80	2.793

续表

序号	化合物	T	P_2	V	$-\Delta fH^{\theta}_{m}(g)$ /(kJ·mol^{-1}) (exp)	$-\Delta fH^{\theta}_{m}(g)$ /(kJ·mol^{-1}) (cal)	相对误差/%
70	3-methyloctane	1 776.0	4.308 7	16	233.30	234.20	0.386
71	4-methyloctane	1 728.0	4.307 8	16	233.30	233.41	0.046
72	3-ethylheptane	1 664.0	4.345 9	16	230.50	230.85	0.153
73	4-ethylheptane	1 632.0	4.315 9	16	230.50	231.40	0.390
74	nonane	1 920.0	4.414 2	16	228.20	232.63	1.941
75	decane	2 970.0	4.914 2	18	249.60	253.20	1.440

对上述饱和链烷烃的 T、P_2 指数进行计算的结果表明：具有高的选择性，可以有效区分饱和链烷烃同系物及同分异构体。将计算值与实验值对比可以发现，实验值与计算值吻合良好。经过计算，得到

$$总的平均相对误差=\frac{1}{75}\sum|相对误差|=0.046\ 11\%$$

为直观起见，用散点图来表示饱和链烷烃气态标准生成焓实验值与计算值的相关程度[18]，如图 2-5 所示。

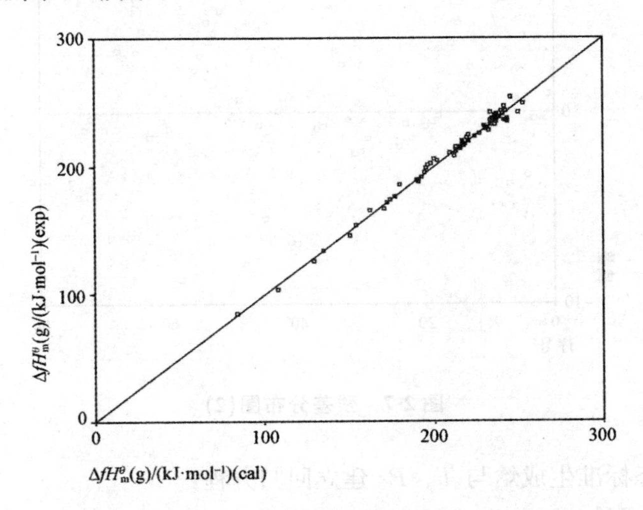

图 2-5　散点图(2)

由图 2-5 可以看出，饱和链烷烃的 T、P_2 指数值与气态标准生成焓的关联程度尽管小，但它们之间的线性关系比较明显。

利用 SPSS 软件处理得到残差频率分布图，如图 2-6 所示。

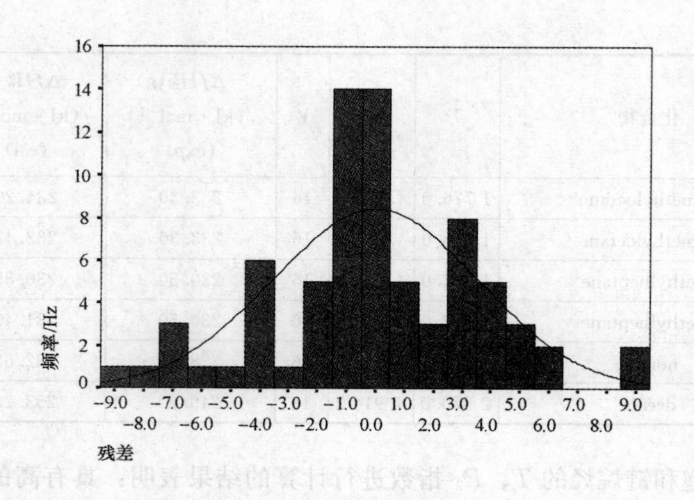

图 2-6　残差频率分布图(2)

利用 SPSS 软件处理得到残差分布图，如图 2-7 所示。

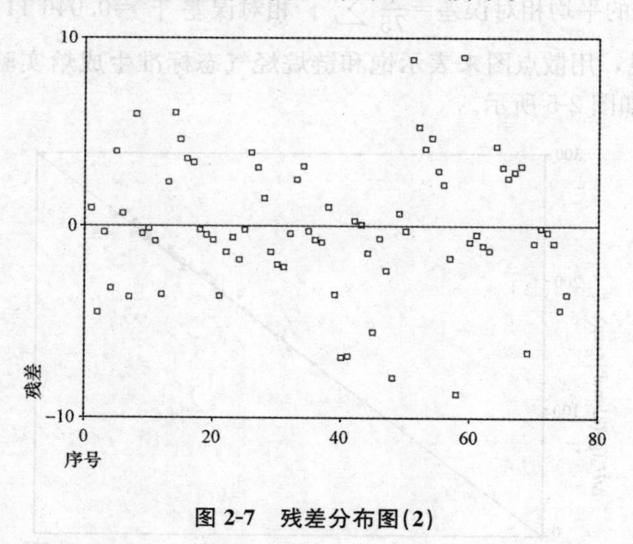

图 2-7　残差分布图(2)

将烷烃气态标准生成焓与 T、P_2 建立回归方程：

$$-\Delta fH_{\mathrm{m}}^{\theta}(\mathrm{g}) = 73.981 + 12.539V - 37.469P_2 + 18.645T^{1/4} \tag{2-8}$$

$$R=0.995,\ S=3.169\,24,\ F=2\,163.423,\ n=75$$

2. 饱和链烷烃气态标准熵的分子拓扑研究

应用上述方法，计算 2～10 个碳原子的饱和链烷烃类化合物分子的 T 指数及相应的气态标准熵[19−21]，并将它们列于表 2-3 中。

表 2-3　饱和链烷烃类化合物分子的 *T* 指数及相应的气态标准熵

序号	化合物	T	P_2	V	S_m^{θ}/(J·mol^{-1}·K^{-1})(exp)	S_m^{θ}/(J·mol^{-1}·K^{-1})(cal)	相对误差/%
1	ethane	2.0	1.000 0	2	229.50	232.65	1.374
2	propane	16.0	1.414 2	4	269.90	268.31	−0.590
3	2-methylpropane	54.0	1.732 1	6	294.60	293.33	−0.430
4	butane	60.0	1.914 2	6	310.10	309.28	−0.265
5	2，2-dimethylpropane	128.0	2.000 0	8	306.40	312.62	2.031
6	2-methylbutane	144.0	2.270 1	8	343.60	336.03	−2.203
7	pentane	160.0	2.414 2	8	348.90	349.90	0.287
8	2，2-dimethylbutane	280.0	2.560 7	10	358.20	356.05	−0.600
9	2，3-dimethylbutane	290.0	2.642 5	10	365.80	363.34	−0.672
10	2-methylpentane	320.0	2.770 2	10	380.50	376.37	−1.084
11	3-methylpentane	310.0	2.808 2	10	379.80	377.97	−0.481
12	hexane	350.0	2.914 2	10	388.40	390.36	0.504
13	2，2，3-trimethylbutane	504.0	2.943 2	12	383.30	383.57	0.070
14	2，2-dimethylpentane	552.0	3.060 7	12	392.90	396.07	0.808
15	3，3-dimethylpentane	528.0	3.121 3	12	399.70	398.62	−0.271
16	2，3-dimethylpentane	552.0	3.180 0	12	414.00	404.83	−2.214
17	2，4-dimethylpentane	576.0	3.125 9	12	396.60	402.71	1.539
18	2-methylhexane	624.0	3.270 0	12	420.00	416.81	−0.760
19	3-methylhexane	600.0	3.308 1	12	424.10	417.87	−1.469
20	3-ethylhexane	576.0	3.346 1	12	411.50	418.87	1.792
21	heptane	672.0	3.414 2	12	427.90	430.72	0.660
22	2，2，3，3-tetramethylbutane	812.0	3.250 0	14	389.40	403.83	3.707
23	2，2，3-trimethylpentane	882.0	3.481 4	14	425.20	424.79	−0.096
24	2，3，3-trimethylpentane	826.0	3.504 0	14	431.50	423.30	−1.901
25	2，2，4-trimethylpentane	924.0	3.416 5	14	423.20	422.30	−0.214
26	2，2-dimethylhexane	994.0	3.560 7	14	431.20	436.50	1.229
27	3，3-dimethylhexane	938.0	3.621 3	14	438.10	438.07	−0.006
28	3-ethyl-3-methylpentane	896.0	3.681 9	14	433.00	440.28	1.681
29	2，3，4-trimethylpentane	910.0	3.553 4	14	428.10	431.60	0.818
30	2，3-dimethylhexane	980.0	3.680 7	14	444.00	444.60	0.135

续表

序号	化合物	T	P_2	V	S_m^θ/(J·mol^{-1}·K^{-1})(exp)	S_m^θ/(J·mol^{-1}·K^{-1})(cal)	相对误差/%
31	3-ethyl-2-methylpentane	938.0	3.718 8	14	441.10	445.23	0.936
32	3，4-dimethylhexane	938.0	3.718 8	14	448.30	445.23	−0.685
33	2，4-dimethylhexane	994.0	3.663 9	14	445.60	444.08	−0.342
34	2，5-dimethylhexane	1 036.0	3.625 9	14	439.00	443.36	0.994
35	2-methylheptane	1 106.0	3.770 1	14	455.30	457.28	0.434
36	3-methylheptane	1 064.0	3.808 1	14	461.60	458.09	−0.760
37	4-methylheptane	1 050.0	3.808 8	14	453.30	457.47	0.920
38	3-ethylhexane	994.0	3.851 0	14	458.20	457.81	−0.085
39	octane	1 176.0	3.914 2	14	466.70	471.03	0.928
40	2，2，3，3-tetramethylpentane	1 312.0	3.810 7	16	446.40	445.60	−0.179
41	2，2，3，4-tetramethylpentane	1 376.0	3.854 2	16	452.80	451.36	−0.318
42	2，2，3-trimethylhexane	1 472.0	3.981 4	16	465.80	464.39	−0.304
43	3-ethyl-2，2-dimethylpentane	1 408.0	4.019 3	16	460.10	464.73	1.007
44	3，3，4-trimethylhexane	1 408.0	4.042 1	16	475.00	466.41	−1.809
45	2，3，3，4-tetramethylpentane	1 344.0	3.887 0	16	450.40	452.50	0.466
46	2，3，3-trimethylhexane	1 440.0	4.004 2	16	469.20	464.85	−0.927
47	3-ethyl-2，3-dimethylpentane	1 376.0	4.064 9	16	469.20	466.83	−0.505
48	2，2，4，4-tetramethylpentane	1 408.0	3.707 2	16	431.50	441.82	2.391
49	2，2，4-trimethylhexane	1 504.0	3.954 5	16	465.80	463.60	−0.473
50	2，4，4-trimethylhexane	1 472.0	3.977 3	16	469.20	464.08	−1.090
51	2，2，5-trimethylhexane	1 568.0	3.916 6	16	460.10	463.14	0.660
52	2，2-dimethylheptane	1 664.0	4.060 7	16	473.10	477.07	0.839
53	3，3-dimethylheptane	1 568.0	4.121 4	16	482.20	478.17	−0.835
54	4，4-dimethylheptane	1 536.0	4.121 4	16	476.40	477.02	0.131
55	3-ethyl-3-methylhexane	1 472.0	4.182 1	16	482.20	479.12	−0.639
56	3，3-diethylpentane	1 408.0	4.242 8	16	461.50	481.14	4.256
57	2，3，4-trimethylhexane	1 472.0	4.091 6	16	478.50	472.48	−1.259
58	3-ethyl-2，4-dimethylpentane	1 440.0	3.886 9	16	469.90	456.24	−2.907
59	2，3，5-trimethylhexane	1 536.0	4.203 4	16	469.90	483.04	2.797
60	2，3-dimethylheptane	1 632.0	4.180 8	16	488.60	484.79	−0.781
61	3-ethyl-2-methylhexane	1 536.0	4.218 7	16	488.60	484.17	−0.908
62	3，4-dimethylheptane	1 568.0	4.218 7	16	491.50	485.32	−1.258

续表

序号	化合物	T	P_2	V	S_m^θ/(J·mol^{-1}·K^{-1})(exp)	S_m^θ/(J·mol^{-1}·K^{-1})(cal)	相对误差/%
63	3-ethyl-4-methylhexane	1 504.0	4.256 6	16	488.60	485.78	−0.577
64	2，4-dimethylheptane	1 568.0	4.163 9	16	488.60	481.29	−1.495
65	4-ethyl-2-methylhexane	1 568.0	4.201 8	16	482.90	484.08	0.244
66	3，5-dimethylheptane	1 600.0	4.201 8	16	485.50	485.21	−0.060
67	2，5-dimethylheptane	1 664.0	4.163 9	16	488.60	484.65	−0.809
68	2，6-dimethylheptane	1 728.0	4.126 0	16	477.10	484.02	1.450
69	2-methyloctane	1 824.0	4.100 9	16	495.90	485.30	−2.138
70	3-methyloctane	1 776.0	4.308 7	16	501.70	499.01	−0.537
71	4-methyloctane	1 728.0	4.307 8	16	501.70	497.36	−0.864
72	3-ethylheptane	1 664.0	4.345 9	16	495.90	498.01	0.425
73	4-ethylheptane	1 632.0	4.315 9	16	495.90	494.70	−0.241
74	nonane	1 920.0	4.414 2	16	507.70	511.30	0.709
75	decane	2 970.0	4.914 2	18	544.60	551.54	1.275

对上述饱和链烷烃的 T、P_2 指数进行计算的结果表明：具有高的选择性，可以有效区分饱和链烷烃同系物及同分异构体。将计算值与实验值对比可以发现，实验值与计算值吻合良好。经过计算，得到

$$\text{总的平均相对误差}=\frac{1}{75}\sum \mid \text{相对误差} \mid =0.019\,36\%$$

为直观起见，用散点图来表示饱和链烷烃气态标准生成熵实验值与计算值的相关程度，如图 2-8 所示。

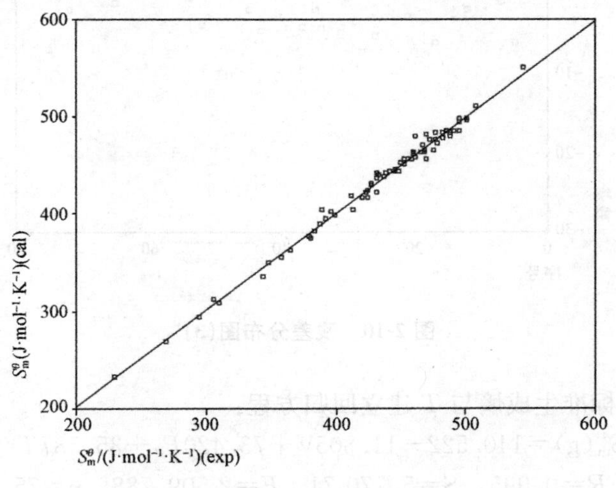

图 2-8　散点图(3)

由图 2-8 可以看出，饱和链烷烃的 T、P_2 指数值与气态标准生成熵的关联程度尽管小，但它们之间的线性关系比较明显。

利用 SPSS 软件处理得到残差频率分布图，如图 2-9 所示。

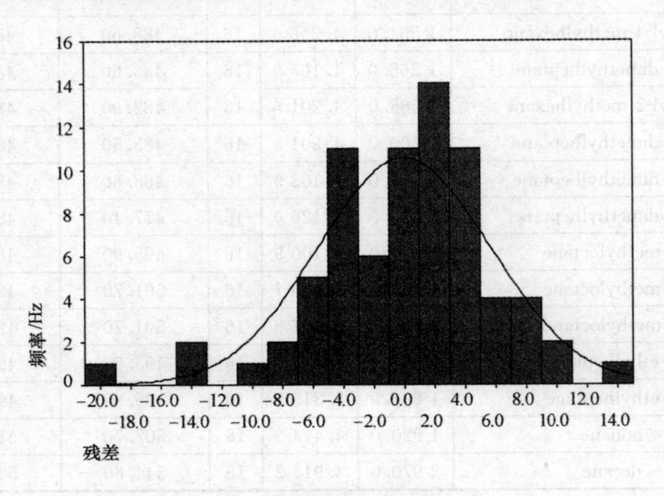

图 2-9　残差频率分布图(3)

利用 SPSS 软件处理得到残差分布图，如图 2-10 所示。

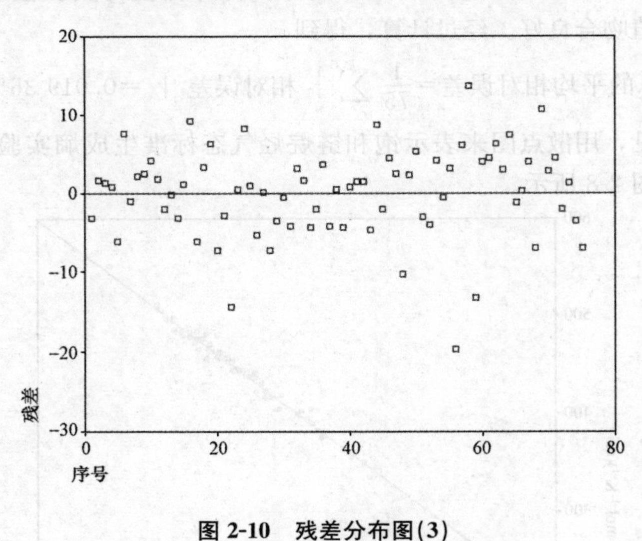

图 2-10　残差分布图(3)

将烷烃气态标准生成熵与 T 建立回归方程：

$$S_{\mathrm{m}}^{\theta}(\mathrm{g})=140.522-11.805V+73.420P_2+35.587T^{1/4} \tag{2-9}$$

$$R=0.995,\ S=5.770\ 71,\ F=2\ 509.788,\ n=75$$

3. 饱和链烷烃气态标准生成自由能的分子拓扑研究

应用上述方法，计算 2～10 个碳原子的饱和链烷烃类化合物分子的 T 指数及相应的气态标准生成自由能，并将它们列于表 2-4 中。

表 2-4　饱和链烷烃类化合物分子的 T 指数及相应的气态标准生成自由能

序号	化合物	T	V	$\Delta fG_m^0(g)$ /(kJ·mol^{-1}) (exp)	$\Delta fG_m^0(g)$ /(kJ·mol^{-1}) (cal)	相对误差/%
1	ethane	2.0	2	−32.90	−27.81	−0.155
2	propane	16.0	4	−23.50	−26.02	0.107
3	2-methylpropane	54.0	6	−20.90	−19.85	−0.050
4	butane	60.0	6	−17.20	−20.90	0.215
5	2，2-dimethylpropane	128.0	8	−15.20	−11.55	−0.240
6	2-methylbutane	144.0	8	−14.80	−12.85	−0.132
7	pentane	160.0	8	−8.60	−14.03	0.632
8	2，2-dimethylbutane	280.0	10	−9.60	−3.28	−0.658
9	2，3-dimethylbutane	290.0	10	−4.10	−3.71	−0.095
10	2-methylpentane	320.0	10	−5.00	−4.91	−0.017
11	3-methylpentane	310.0	10	−2.10	−4.52	1.154
12	hexane	350.0	10	−0.30	−6.02	19.080
13	2，2，3-trimethylbutane	504.0	12	4.27	6.62	0.551
14	2，2-dimethylpentane	552.0	12	0.10	5.43	53.308
15	3，3-dimethylpentane	528.0	12	2.60	6.02	1.314
16	2，3-dimethylpentane	552.0	12	0.67	5.43	7.106
17	2，4-dimethylpentane	576.0	12	3.10	4.87	0.570
18	2-methylhexane	624.0	12	3.20	3.80	0.188
19	3-methylhexane	600.0	12	4.60	4.33	−0.060
20	3-ethylhexane	576.0	12	11.00	4.87	−0.557
21	heptane	672.0	12	7.99	2.81	−0.649
22	2，2，3，3-tetramethylbutane	812.0	14	22.00	17.51	−0.204
23	2，2，3-trimethylpentane	882.0	14	17.10	16.36	−0.043
24	2，3，3-trimethylpentane	826.0	14	18.90	17.27	−0.086
25	2，2，4-trimethylpentane	924.0	14	13.70	15.71	0.147
26	2，2-dimethylhexane	994.0	14	10.70	14.68	0.372

续表

序号	化合物	T	V	$\Delta fG^{\theta}_{m}(g)$ /(kJ·mol^{-1}) (exp)	$\Delta fG^{\theta}_{m}(g)$ /(kJ·mol^{-1}) (cal)	相对误差/%
27	3，3-dimethylhexane	938.0	14	13.30	15.50	0.165
28	3-ethyl-3-methylpentane	896.0	14	19.90	16.14	−0.189
29	2，3，4-trimethylpentane	910.0	14	18.90	15.92	−0.157
30	2，3-dimethylhexane	980.0	14	17.70	14.88	−0.159
31	3-ethyl-2-methylpentane	938.0	14	21.20	15.50	−0.269
32	3，4-dimethylhexane	938.0	14	17.30	15.50	−0.104
33	2，4-dimethylhexane	994.0	14	11.70	14.68	0.255
34	2，5-dimethylhexane	1 036.0	14	10.50	14.09	0.342
35	2-methylheptane	1 106.0	14	12.70	13.15	0.036
36	3-methylheptane	1 064.0	14	13.70	13.71	0.001
37	4-methylheptane	1 050.0	14	16.70	13.90	−0.168
38	3-ethylhexane	994.0	14	16.50	14.68	−0.110
39	octane	1 176.0	14	16.40	12.27	−0.252
40	2，2，3，3-tetramethylpentane	1 312.0	16	34.30	27.96	−0.185
41	2，2，3，4-tetramethylpentane	1 376.0	16	32.60	27.26	−0.164
42	2，2，3-trimethylhexane	1 472.0	16	24.50	26.26	0.072
43	3-ethyl-2，2-dimethylpentane	1 408.0	16	29.10	26.92	−0.075
44	3，3，4-trimethylhexane	1 408.0	16	27.10	26.92	−0.007
45	2，3，3，4-tetramethylpentane	1 344.0	16	34.10	27.61	−0.190
46	2，3，3-trimethylhexane	1 440.0	16	25.90	26.59	0.027
47	3-ethyl-2，3-dimethylpentane	1 376.0	16	31.20	27.26	−0.126
48	2，2，4，4-tetramethylpentane	1 408.0	16	34.00	26.92	−0.208
49	2，2，4-trimethylhexane	1 504.0	16	22.50	25.94	0.153
50	2，4，4-trimethylhexane	1 472.0	16	23.90	26.26	0.099
51	2，2，5-trimethylhexane	1 568.0	16	21.80	25.32	0.161
52	2，2-dimethylheptane	1 664.0	16	16.70	24.42	0.462
53	3，3-dimethylheptane	1 568.0	16	19.30	25.32	0.312
54	4，4-dimethylheptane	1 536.0	16	21.00	25.62	0.220
55	3-ethyl-3-methylhexane	1 472.0	16	24.60	26.26	0.068
56	3，3-diethylpentane	1 408.0	16	35.10	26.92	−0.233
57	2，3，4-trimethylhexane	1 472.0	16	26.90	26.26	−0.024

续表

序号	化合物	T	V	$\Delta fG_{m}^{\theta}(g)$ /(kJ·mol⁻¹) (exp)	$\Delta fG_{m}^{\theta}(g)$ /(kJ·mol⁻¹) (cal)	相对误差/%
58	3-ethyl-2，4-dimethylpentane	1 440.0	16	29.50	26.59	−0.099
59	2，3，5-trimethylhexane	1 536.0	16	21.80	25.62	0.175
60	2，3-dimethylheptane	1 632.0	16	23.30	24.71	0.061
61	3-ethyl-2-methylhexane	1 536.0	16	26.20	25.62	−0.022
62	3，4-dimethylheptane	1 568.0	16	25.30	25.32	0.001
63	3-ethyl-4-methylhexane	1 504.0	16	29.10	25.94	−0.109
64	2，4-dimethylheptane	1 568.0	16	18.40	25.32	0.376
65	4-ethyl-2-methylhexane	1 568.0	16	23.10	25.32	0.096
66	3，5-dimethylheptane	1 600.0	16	22.20	25.01	0.127
67	2，5-dimethylheptane	1 664.0	16	18.50	24.42	0.320
68	2，6-dimethylheptane	1 728.0	16	19.00	23.85	0.255
69	2-methyloctane	1 824.0	16	20.60	23.02	0.118
70	3-methyloctane	1 776.0	16	21.70	23.43	0.080
71	4-methyloctane	1 728.0	16	21.70	23.85	0.099
72	3-ethylheptane	1 664.0	16	26.30	24.42	−0.071
73	4-ethylheptane	1 632.0	16	26.30	24.71	−0.060
74	nonane	1 920.0	16	24.80	22.23	−0.103
75	decane	2 970.0	18	33.20	32.62	−0.017

对上述饱和链烷烃的 T、P_2 指数进行计算的结果表明：具有高的选择性，可以有效区分饱和链烷烃同系物及同分异构体。将计算值与实验值对比可以发现，实验值与计算值吻合良好。经过计算，得到

$$总的平均相对误差=\frac{1}{75}\sum|相对误差|=1.103\ 62\%$$

将烷烃气态标准生成自由能与 T 建立回归方程：

$$\Delta fG_{m}^{\theta}(g)=7.142+8.647V-47.908T^{1/8} \tag{2-10}$$

$$R=0.996，S=3.830\ 58，F=3\ 527.382，n=75$$

T、P_2 指数与饱和链烷烃的热力学性质具有良好的相关性，T 包含了丰富的结构信息，T 与链烷烃的 n 同向变化，即 T 揭示了链烷烃的分子大小。对于同碳数链烷烃的异构体，T 与支化度反向变化，即取代基越多，其 T 值越小。当分支数相同时，T 随分支位置的不同而不同，因此，T 能反映链烷烃的分子大小及分支等分子结构信息。T 揭示了影响饱和链烷烃热力学性质的本质因素。其影响因素

主要有：①链烷烃的分子大小；②对于同碳数异构体，与碳原子数支化度相关；③在取代基及取代基数目相同的情况下，其热力学性质随取代基距离增大而呈现不规则变化。部分计算值与相应实验值相差较大，其原因可能是：①所构建拓扑指数是从二维分子隐氢图中提取的结构参数，不可能全面揭示分子的结构特征，特别是其三维空间形状；②分子的结构与性质并不是完全对应关系，虽然结构不同，但同一性质的实验值却可能相同。本书所构建的分子拓扑指数 T 是基于分子的基本结构定义的，因而拓扑指数 T 所包含的分子结构信息非常好地揭示了饱和链烷烃类化合物热力学性质的变化规律。

通过此方法将拓扑指数与饱和链烷烃类化合物的热力学性质建立数学模型，其具有良好的性质相关性[22,23]。综上所述，T、P_2 指数对链烷烃具有良好的结构选择性与性质相关性，为估算与预测链烷烃的热力学性质提供了一种简便有效的方法。

2.4.3 烯烃沸点的分子拓扑研究

沸点是物质最基本的物理性质之一，它与物质的其他理化性质密切相关，如蒸发热、临界温度等。大部分化合物的沸点可以通过实验测定，但是对于测量上有困难或尚未合成的化合物，就有必要对其沸点进行估算或预测。我们知道，化合物的沸点是由液态时分子间的相互作用以及沸腾时气相与液相的分子内配分函数的不同决定的。因此，化合物的沸点与其分子结构密切相关，探讨能够准确描述分子结构的参数是定量结构—性质相关(QSPR)研究取得成功的关键。目前，常用的参数大体可以分为三类：拓扑学参数、几何学参数和电子参数，其中拓扑学参数是一种基于数学理论的方法，取值客观，计算简便。本书在建立距离矩阵和邻接矩阵计算的基础上，根据距离矩阵和分子价连接性指数来研究一些烯烃沸点的定量关系(QSPR)，相关性明显。

应用上述方法，计算烯烃类化合物分子的 T 指数及相应的沸点[24]，并将它们列于表 2-5 中。

表 2-5　烯烃类化合物分子的 T 指数及相应的沸点

序号	化合物	T	P_2	b. p. /K(exp)	b. p. /K(cal)	相对误差/%
1	ethene	4.8	0.500 0	169.45	170.62	0.693
2	prop-1-ene	34.4	0.985 6	225.75	225.40	−0.153
3	but-1-ene	124.8	1.523 6	266.85	268.49	0.614
4	(Z)-but-2-ene	124.8	1.488 0	276.85	267.68	−3.313
5	(E)-but-2-ene	124.8	1.488 0	274.05	267.68	−2.325
6	2-methylprop-1-ene	112.8	1.353 6	266.25	262.14	−1.542
7	pent-1-ene	328.0	2.023 6	303.15	303.19	0.014

续表

序号	化合物	T	P_2	b. p. /K(exp)	b. p. /K(cal)	相对误差/%
8	(Z)-pent-2-ene	328.0	2.026 0	310.05	303.24	−2.196
9	(E)-pent-2-ene	328.0	2.026 0	309.45	303.24	−2.006
10	2-methylbut-1-ene	296.0	1.914 2	304.35	298.32	−1.981
11	3-methylbut-1-ene	296.0	1.896 2	293.15	297.94	1.634
12	2-methylbut-2-ene	296.0	1.866 0	311.75	297.30	−4.635
13	hex-1-ene	712.0	2.522 7	336.45	332.80	−1.086
14	(Z)-hex-2-ene	712.0	2.526 0	341.95	332.86	−2.658
15	(Z)-hex-3-ene	712.0	2.564 0	339.55	333.59	−1.754
16	(E)-hex-3-ene	712.0	2.564 0	340.25	333.59	−1.956
17	2-methylpent-1-ene	652.0	2.414 2	333.85	328.45	−1.618
18	3-methylpent-1-ene	652.0	2.434 3	324.25	328.84	1.416
19	4-methylpent-1-ene	652.0	2.379 4	327.05	327.77	0.220
20	2-methylpent-2-ene	652.0	2.404 0	340.45	328.25	−3.584
21	(Z)-3-methylpent-2-ene	632.0	2.426 8	340.75	327.90	−3.771
22	(E)-3-methylpent-2-ene	632.0	2.426 8	343.55	327.90	−4.555
23	(Z)-4-methylpent-2-ene	632.0	2.398 8	329.45	327.35	−0.637
24	(E)-4-methylpent-2-ene	632.0	2.398 8	331.65	327.35	−1.296
25	2-ethylbut-1-ene	632.0	2.4749	337.85	328.84	−2.667
26	2，3-dimethylbut-1-ene	592.0	2.297 0	328.82	323.68	−1.563
27	3，3-dimethylbut-1-ene	572.0	2.196 9	314.35	320.82	2.057
28	2，3-dimethylbut-2-ene	592.0	2.250 0	346.35	322.75	−6.814
29	hept-1-ene	1 360.8	3.023 6	366.75	358.66	−2.206
30	(Z)-hept-2-ene	1 360.8	3.026 0	371.65	358.70	−3.483
31	(E)-hept-2-ene	1 360.8	3.026 0	371.15	358.70	−3.353
32	(Z)-hept-3-ene	1 360.8	3.064 0	368.95	359.38	−2.593
33	(E)-hept-3-ene	1 360.8	3.064 0	368.85	359.38	−2.567
34	2-methylhex-1-ene	1 370.2	2.914 2	364.25	356.88	−2.025
35	3-methylhex-1-ene	1 370.2	2.934 3	357.15	357.24	0.024
36	4-methylhex-1-ene	1 370.2	2.917 5	360.65	356.93	−1.030
37	5-methylhex-1-ene	1 370.2	2.879 4	358.46	356.25	−0.617
38	2-methylhex-2-ene	1 370.2	2.904 0	369.65	356.69	−3.506
39	2-ethylpent-1-ene	1 216.8	2.974 7	367.15	354.92	−3.331
40	3-ethylpent-1-ene	1 168.8	2.972 2	358.15	353.85	−1.202

续表

序号	化合物	T	P_2	b. p. /K(exp)	b. p. /K(cal)	相对误差/%
41	2，3-dimethylpent-1-ene	1 120. 8	2. 831 6	357. 45	350. 21	－2. 026
42	2，4-dimethylpent-1-ene	1 168. 8	2. 416 5	354. 75	343. 61	－3. 141
43	3，3-dimethylpent-1-ene	1 072. 8	2. 757 6	350. 65	347. 72	－0. 835
44	3，4-dimethylpent-1-ene	1 120. 8	2. 807 0	353. 95	349. 76	－1. 185
45	4，4-dimethylpent-1-ene	1 120. 8	2. 670 1	345. 65	347. 23	0. 458
46	3-ethylpent-2-ene	1 168. 8	2. 987 4	367. 15	354. 12	－3. 548
47	2，3-dimethylpent-2-ene	1 120. 8	2. 810 7	370. 65	349. 82	－5. 619
48	3，4-dimethylpent-2-ene	1 168. 8	2. 776 7	356. 55	350. 28	－1. 759
49	2，4-dimethylpent-2-ene	1 120. 8	2. 809 5	360. 15	349. 80	－2. 873
50	4，4-dimethylpent-2-ene	1 120. 8	2. 699 4	349. 85	347. 77	－0. 593
51	2-ethyl-3-methylenepentane	1 120. 8	2. 857 5	362. 15	350. 68	－3. 166
52	2，3，3-trimethylbut-1-ene	1 024. 8	2. 603 6	351. 05	343. 68	－2. 100
53	oct-1-ene	2 374. 4	3. 523 6	394. 45	381. 55	－3. 271
54	(Z)-oct-2-ene	2 374. 4	3. 526 0	398. 75	381. 59	－4. 304
55	(E)-oct-2-ene	2 374. 4	3. 526 0	398. 15	381. 59	－4. 160
56	(Z)-oct-3-ene	2 374. 4	3. 564 0	396. 05	382. 22	－3. 492
57	(E)-oct-3-ene	2 374. 4	3. 564 0	396. 45	382. 22	－3. 589
58	(Z)-oct-4-ene	2 374. 4	3. 564 0	395. 65	382. 22	－3. 394
59	(E)-oct-4-ene	2 374. 4	3. 564 0	395. 45	382. 22	－3. 346
60	2-methylhept-1-ene	2 234. 4	2. 914 2	391. 35	369. 62	－5. 551
61	2-methylhept-2-ene	2 234. 4	3. 404 0	395. 75	377. 99	－4. 488
62	3-methyleneheptane	2 150. 4	3. 474 9	393. 15	378. 20	－3. 802
63	2，3-dimethylhex-2-ene	1 982. 4	3. 310 7	395. 25	373. 33	－5. 545
64	2，5-dimethylhex-2-ene	2 094. 4	3. 259 9	385. 75	373. 88	－3. 077
65	2，4，4-trimethylpent-1-ene	1 870. 4	3. 060 7	374. 55	367. 52	－1. 878
66	2，3，4-trimethylpent-2-ene	1 842. 4	3. 193 4	389. 65	369. 43	－5. 189
67	2，4，4-trimethylpent-2-ene	1 870. 4	3. 077 4	378. 05	367. 81	－2. 709
68	non-1-ene	3 868. 8	4. 023 6	419. 15	402. 04	－4. 083
69	(E)-non-3-ene	3 868. 8	4. 064 0	420. 65	402. 66	－4. 276
70	dec-1-ene	5 976. 0	4. 523 6	443. 65	420. 53	－5. 212
71	2-methylnon-3-ene	5 724. 0	4. 436 7	434. 15	418. 18	－3. 679
72	3，7-dimethyloct-1-ene	5 292. 0	4. 290 1	427. 15	414. 03	－3. 072
73	2，6-dimethyloct-2-ene	5 130. 0	4. 297 9	436. 15	413. 36	－5. 225

续表

序号	化合物	T	P_2	b. p. /K(exp)	b. p. /K(cal)	相对误差/%
74	undec-1-ene	8 844. 0	5. 023 6	465. 85	437. 33	－6. 122
75	(E)-undec-2-ene	8 844. 0	5. 026 0	465. 65	437. 36	－6. 075
76	(E)-undec-5-ene	8 844. 0	5. 064 0	465. 15	437. 88	－5. 863
77	dodec-1-ene	12 636. 8	5. 523 6	486. 55	452. 67	－6. 962
78	tridec-1-ene	17 534. 4	6. 023 6	505. 95	466. 75	－7. 747
79	pentadec-1-ene	31 444. 0	7. 023 6	541. 35	491. 70	－9. 172
80	hexadec-1-ene	40 896. 0	7. 523 6	557. 55	502. 80	－9. 820
81	heptadec-1-ene	52 332. 8	8. 023 6	573. 15	513. 10	－10. 477
82	icos-1-ene	101 232. 0	9. 523 6	614. 15	540. 00	－12. 074

通过对上述烯烃的 T、P_2 指数进行计算，将计算值与实验值对比可以发现，实验值与计算值吻合良好。经过计算，得到

$$\text{总的平均相对误差}=\frac{1}{82}\sum|\text{相对误差}|=-3.114\ 53\%$$

为直观起见，用散点图来表示烯烃沸点实验值与计算值的相关程度，如图 2-11 所示。

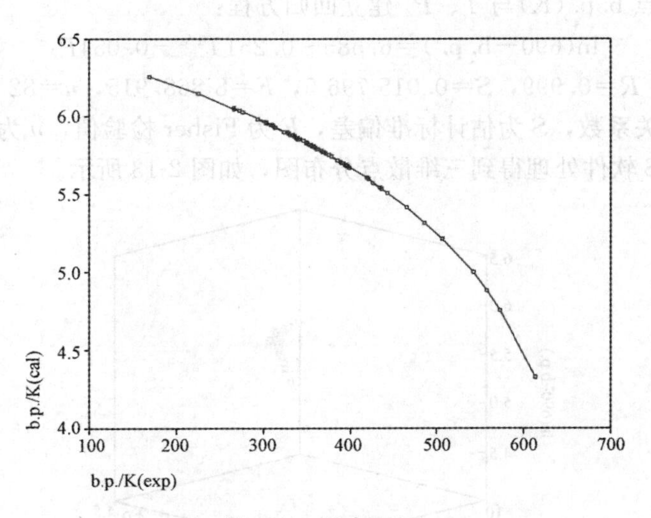

图 2-11　散点图(4)

由图 2-11 可以看出，烯烃的 T、P_2 指数值与烯烃沸点的关联程度尽管大，但它们之间的线性关系不太明显，主要是抛物线性关系。

将烯烃沸点 b. p. (K)与 T 建立回归方程：

$$\ln(690-\text{b. p.})=6.429-0.108T^{1/4} \quad (2\text{-}11)$$

$$R=0.994,\ S=0.0310164,\ F=6841.540,\ n=82$$

式中，R 为相关系数，S 为估计标准偏差，F 为 Fisher 检验值，n 为样本数。

利用 SPSS 软件处理得到正态概率分布图，如图 2-12 所示。

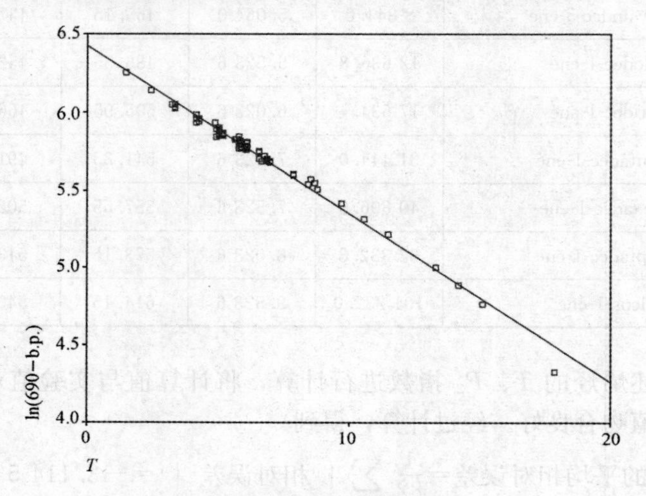

图 2-12　正态概率分布图(1)

将烯烃沸点 b. p. (K)与 T、P_2 建立回归方程：

$$\ln(690-\text{b. p.})=6.585-0.251T^{1/8}-0.054P_2 \quad (2\text{-}12)$$

$$R=0.999,\ S=0.0157965,\ F=8868.915,\ n=82$$

式中，R 为相关系数，S 为估计标准偏差，F 为 Fisher 检验值，n 为样本数。

利用 SPSS 软件处理得到三维散点分布图，如图 2-13 所示。

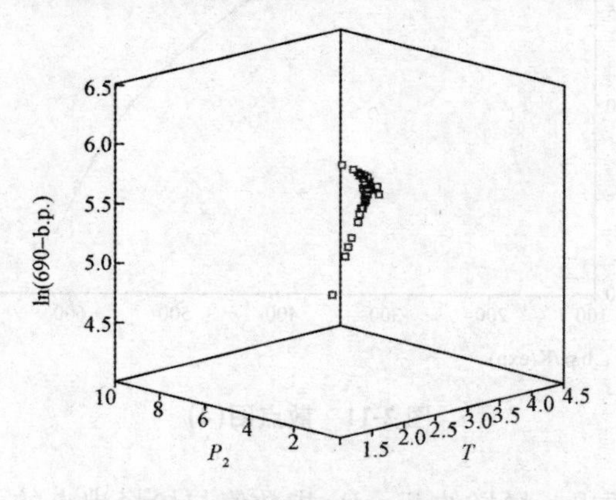

图 2-13　三维散点分布图(2)

利用 SPSS 软件处理得到残差频率分布图，如图 2-14 所示。

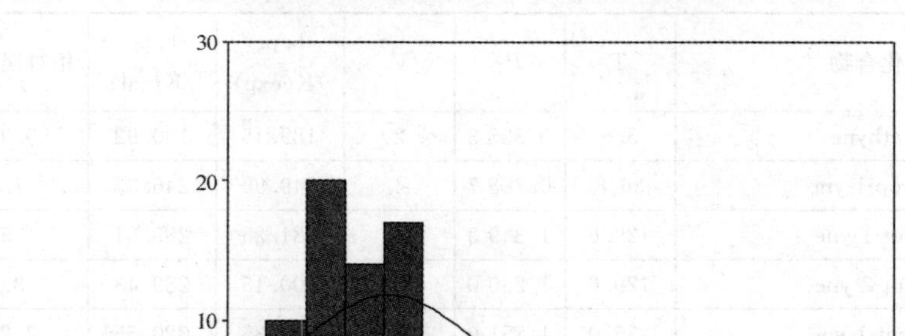

图 2-14　残差频率分布图(4)

Mihalic 等人认为，一个好的定量结构与性质（QSPR）模型必须满足 $R>0.99$，本书建立的方程符合此要求。

由表 2-5 可见，T 中蕴含以下分子结构信息：①反映单烯烃分子的大小。分子中碳原子数 N 值越大，T 值越大，与碳原子数 N 正相关。②与单烯烃分子的支化度负相关。分子中支链越多，分子的支化度越大，T 值越小，与分子的支化度负相关。③T 反映了单烯烃分子中碳碳双键的位置随着分子中碳碳双键编号数增大。

单烯烃沸点与 T、P_2 的相关性：沸点是单烯烃的主要物理性质之一，其分子间作用力主要是色散力，因而单烯烃的沸点主要取决于分子的大小、形状及支化度。单烯烃分子的大小可以用碳原子数 N 来表示，分子的形状则主要取决于分子的支化度，碳碳双键的位置对分子的形状也有一定的影响。影响单烯烃沸点大小的这些因素均已蕴含在 T、P_2 中，特别是蕴含在 T 中，因此，单烯烃沸点与 T 必然存在相关性。经过分析，笔者认为单烯烃沸点与 T、P_2 正相关。

T 的物理意义明确，使结构与性质显著相关。用 T 和 P_2 表示 b. p.（K），具有计算简便的特点，且引入 P_2 消除简并度，可实现对分子结构的唯一表征。

2.4.4　炔烃沸点的分子拓扑研究

在有机物的定量结构—性质/活性关系（QSPR/QSAR）研究中，分子拓扑指数的应用很广泛。分子拓扑指数用来表征分子结构图中某种特征的不变量，由此实现分子结构信息的数值化与定量化。沸点是有机物主要的物理性质之一[25]，对炔烃的沸点与分子结构的关系，人们研究甚少。

应用上述方法，计算炔烃类化合物分子的 T 指数及相应的沸点，并将它们列于表 2-6 中。

表 2-6　炔烃类化合物分子的 T 指数及相应的沸点

序号	化合物	T	P_2	V	b. p. /K(exp)	b. p. /K(cal)	相对误差/%
1	ethyne	5. 6	0. 333 3	2	189. 15	190. 92	0. 937
2	prop-1-yne	36. 8	0. 788 7	4	249. 95	246. 33	−1. 448
3	but-1-yne	129. 6	1. 349 3	6	281. 25	285. 51	1. 514
4	but-2-yne	129. 6	1. 250 0	6	300. 15	289. 43	−3. 572
5	pent-1-yne	336. 0	1. 851 0	8	313. 35	320. 55	2. 299
6	pent-2-yne	336. 0	1. 810 6	8	329. 15	322. 15	−2. 127
7	3-methylbut-1-yne	304. 0	1. 732 1	8	302. 65	309. 36	2. 218
8	hex-1-yne	724. 0	2. 349 2	10	344. 45	351. 46	2. 036
9	hex-2-yne	724. 0	2. 310 7	10	357. 15	352. 98	−1. 166
10	4-methylpent-1-yne	664. 0	2. 205 2	10	334. 65	340. 91	1. 872
11	4-methylpent-2-yne	664. 0	2. 193 4	10	345. 65	341. 38	−1. 235
12	3，3-dimethylbut-1-yne	584. 0	2. 038 7	10	312. 65	323. 95	3. 614
13	hept-1-yne	1 377. 6	2. 849 2	12	372. 85	379. 18	1. 697
14	hept-2-yne	1 377. 6	2. 810 7	12	385. 15	380. 70	−1. 156
15	hept-3-yne	1 377. 6	2. 871 3	12	378. 65	378. 31	−0. 091
16	5-methylhex-1-yne	1 281. 6	2. 705 2	12	365. 15	369. 24	1. 119
17	5-methylhex-2-yne	1 281. 6	2. 666 5	12	375. 65	370. 76	−1. 300
18	2-methylhex-3-yne	1 281. 6	2. 754 1	12	368. 35	367. 31	−0. 284
19	3-ethylpent-1-yne	1 185. 6	2. 808 1	12	361. 15	348. 60	−3. 474
20	4，4-dimethylpent-1-yne	1 137. 6	2. 495 8	12	349. 25	352. 25	0. 860
21	4，4-dimethylpent-2-yne	1 137. 6	2. 500 0	12	356. 15	352. 09	−1. 141
22	oct-1-yne	2 396. 8	3. 349 2	14	398. 35	404. 47	1. 537
23	oct-2-yne	2 396. 8	3. 310 7	14	411. 15	405. 99	−1. 254
24	oct-3-yne	2 396. 8	3. 371 3	14	406. 15	403. 60	−0. 628
25	oct-4-yne	2 396. 8	3. 371 4	14	404. 65	403. 60	−0. 261
26	3-ethyl-3-methylpent-1-yne	1 836. 8	2. 530 0	14	374. 65	373. 15	−0. 401
27	non-1-yne	3 897. 6	3. 849 2	16	423. 95	427. 82	0. 912
28	non-2-yne	3 897. 6	3. 810 7	16	431. 65	429. 34	−0. 536
29	dec-1-yne	6 012. 0	4. 349 2	18	447. 15	449. 55	0. 536
30	dec-3-yne	6 012. 0	4. 371 3	18	448. 65	448. 67	0. 006
31	undec-1-yne	8 888. 0	4. 849 2	20	469. 15	469. 91	0. 162

续表

序号	化合物	T	P_2	V	b.p. /K(exp)	b.p. /K(cal)	相对误差/%
32	undec-5-yne	8 888.0	4.871 3	20	471.15	469.04	−0.448
33	dodec-1-yne	12 689.6	5.349 2	22	488.15	489.10	0.194
34	tetradec-2-yne	23 805.6	6.310 7	26	525.65	526.03	0.072
35	pentadec-1-yne	31 528.0	6.849 2	28	541.15	540.95	−0.038
36	hexadec-1-yne	40 992.0	7.349 2	30	557.15	556.66	−0.088
37	octadec-1-yne	66 136.8	8.349 2	34	586.15	586.17	0.004
38	nonadec-1-yne	82 353.6	8.849 2	36	600.15	600.08	−0.012
39	icos-1-yne	101 384.0	9.349 2	38	613.15	613.47	0.053

对上述炔烃的 T、P_2 指数进行计算的结果表明：具有高的选择性，可以有效区分炔烃同系物及同分异构体。将计算值与实验值对比可以发现，实验值与计算值吻合良好。经过计算，得到

$$\text{总的平均相对误差}=\frac{1}{39}\sum|\text{相对误差}|=0.025\ 16\%$$

为直观起见，用散点图来表示炔烃沸点实验值与计算值的相关程度，如图 2-15 所示。

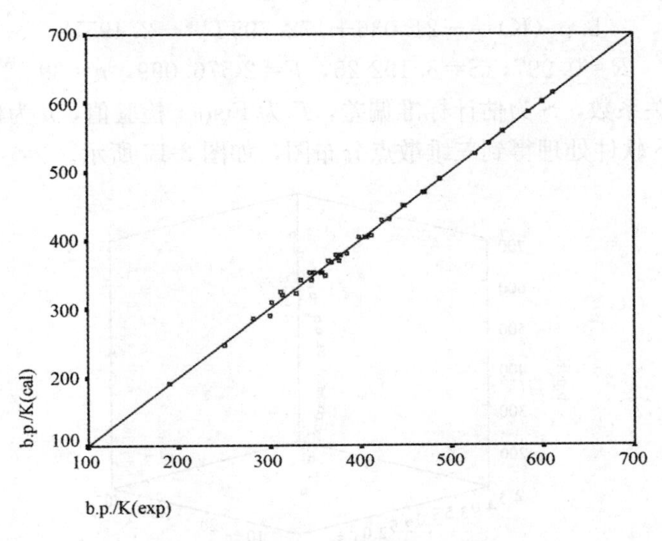

图 2-15　散点图(5)

由图 2-15 可以看出，炔烃的 T、P_2 指数值与炔烃沸点的关联程度非常大，它

们之间的线性关系很明显。

将炔烃沸点 b. p. (K)与 T 建立回归方程：

$$\text{b. p. (K)} = 23.998 + 141.528T^{1/8} \quad (2\text{-}13)$$

$$R = 0.996,\ S = 8.734\,02,\ F = 4\,527.513,\ n = 39$$

式中，R 为相关系数，S 为估计标准偏差，F 为 Fisher 检验值，n 为样本数。

利用 SPSS 软件处理得到正态概率分布图，如图 2-16 所示。

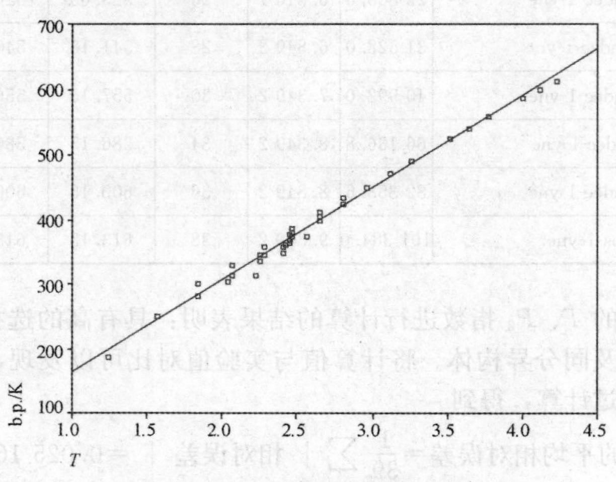

图 2-16　正态概率分布图(2)

将炔烃沸点 b. p. (K)与 T、V 建立回归方程：

$$\text{b. p. (K)} = -21.036 + 172.795T^{1/8} - 2.495V \quad (2\text{-}14)$$

$$R = 0.997,\ S = 8.192\,25,\ F = 2\,576.099,\ n = 39$$

式中，R 为相关系数，S 为估计标准偏差，F 为 Fisher 检验值，n 为样本数。

利用 SPSS 软件处理得到三维散点分布图，如图 2-17 所示。

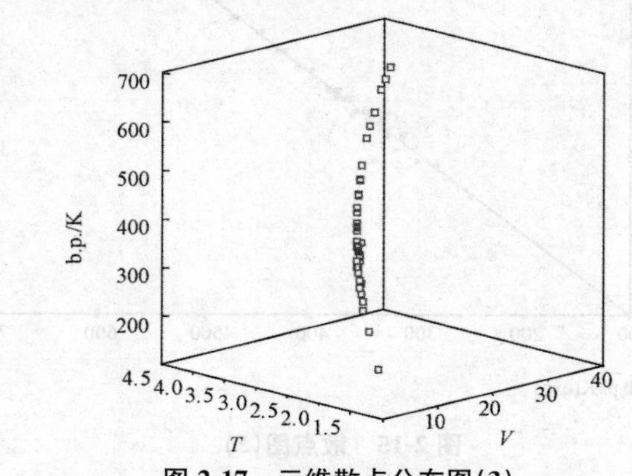

图 2-17　三维散点分布图(3)

利用 SPSS 软件处理得到残差频率分布图，如图 2-18 所示。

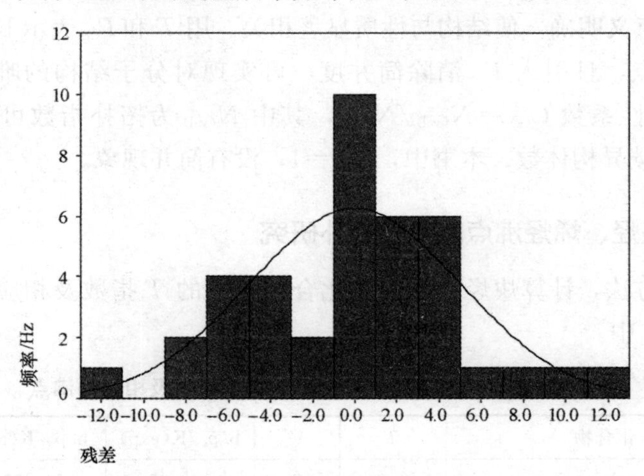

图 2-18　残差频率分布图(5)

利用 SPSS 软件处理得到残差分布图，如图 2-19 所示。

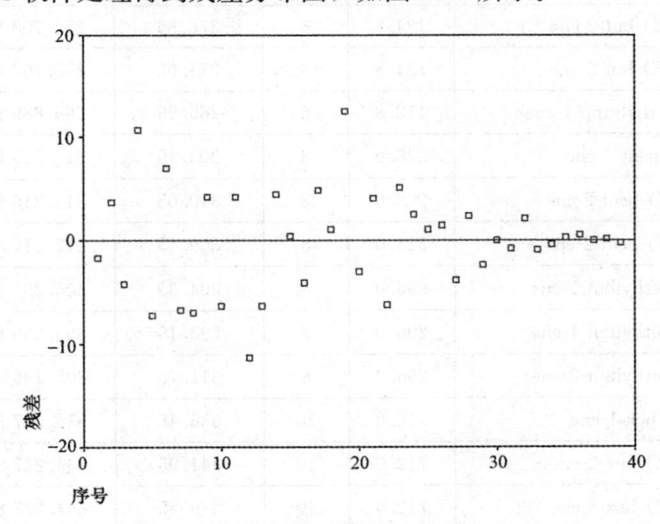

图 2-19　残差分布图(4)

将炔烃沸点 b. p. (K)与 T、V、P_2 建立回归方程：

$$\text{b. p.}(\text{K}) = -92.560 + 172.056T^{1/8} - 41.700V + 108.329T^{1/4} - 39.489P_2 \tag{2-15}$$

$$R = 0.999,\ S = 5.252\,56,\ F = 3\,146.660,\ n = 39$$

式中，R 为相关系数，S 为估计标准偏差，F 为 Fisher 检验值，n 为样本数。

Mihalic 等人认为，一个好的定量结构—性质(QSPR)模型必须满足 $R>0.99$，本书建立的方程符合此要求。

T 的物理意义明确，使结构与性质显著相关。用 T 和 P_2 表示 b. p.（K），具有计算简便的特点，且引入 P_2 消除简并度，可实现对分子结构的唯一表征。Razinger 提出选择性系数 $C_{(s)}=N_{(val)}/N_{(str)}$，其中 $N_{(val)}$ 为拓扑指数可区分的异构体数，$N_{(str)}$ 为同碳异构体数。本书中，$C_{(s)}=1$，没有简并现象。

2.4.5 炔烃、烯烃沸点的分子拓扑研究

应用上述方法，计算炔烃、烯烃类化合物分子的 T 指数及相应的沸点，并将它们列于表 2-7 中。

表 2-7 炔烃、烯烃类化合物分子的 T 指数及相应的沸点

序号	化合物	T	V	b. p. /K(exp)	b. p. /K(cal)	相对误差/%
1	ethene	4.8	2	169.45	176.627 5	4.236
2	prop-1-ene	34.4	4	225.75	232.407 9	2.949
3	but-1-ene	124.8	6	266.85	275.708 4	3.320
4	(Z)-but-2-ene	124.8	6	276.85	275.708 4	−0.412
5	(E)-but-2-ene	124.8	6	274.05	275.708 4	0.605
6	2-methylprop-1-ene	112.8	6	266.25	269.889 9	1.367
7	pent-1-ene	328.0	8	303.15	312.216 9	2.991
8	(Z)-pent-2-ene	328.0	8	310.05	312.216 9	0.699
9	(E)-pent-2-ene	328.0	8	309.45	312.216 9	0.894
10	2-methylbut-1-ene	296.0	8	304.35	305.296 8	0.311
11	3-methylbut-1-ene	296.0	8	293.15	305.296 8	4.144
12	2-methylbut-2-ene	296.0	8	311.75	305.296 8	−2.070
13	hex-1-ene	712.0	10	336.45	344.227 8	2.312
14	(Z)-hex-2-ene	712.0	10	341.95	344.227 8	0.666
15	(Z)-hex-3-ene	712.0	10	339.55	344.227 8	1.378
16	(E)-hex-3-ene	712.0	10	340.25	344.227 8	1.169
17	2-methylpent-1-ene	652.0	10	333.85	337.466 5	1.083
18	3-methylpent-1-ene	652.0	10	324.25	337.466 5	4.076
19	4-methylpent-1-ene	652.0	10	327.05	337.466 5	3.185
20	2-methylpent-2-ene	652.0	10	340.45	337.466 5	−0.876
21	(Z)-3-methylpent-2-ene	632.0	10	340.75	335.097 6	−1.659
22	(E)-3-methylpent-2-ene	632.0	10	343.55	335.097 6	−2.460

续表

序号	化合物	T	V	b. p. /K(exp)	b. p. /K(cal)	相对误差/%
23	(Z)-4-methylpent-2-ene	632.0	10	329.45	335.097 6	1.714
24	(E)-4-methylpent-2-ene	632.0	10	331.65	335.097 6	1.040
25	2-ethylbut-1-ene	632.0	10	337.85	335.097 6	−0.815
26	2，3-dimethylbut-1-ene	592.0	10	328.82	330.166 1	0.409
27	3，3-dimethylbut-1-ene	572.0	10	314.35	327.595 6	4.214
28	2，3-dimethylbut-2-ene	592.0	10	346.35	330.166 1	−4.673
29	hept-1-ene	1 360.8	12	366.75	372.960 2	1.693
30	(Z)-hept-2-ene	1 360.8	12	371.65	372.960 2	0.353
31	(E)-hept-2-ene	1 360.8	12	371.15	372.960 2	0.488
32	(Z)-hept-3-ene	1 360.8	12	368.95	372.960 2	1.087
33	(E)-hept-3-ene	1 360.8	12	368.85	372.960 2	1.114
34	2-methylhex-1-ene	1 370.2	13	364.25	361.438 9	−0.772
35	3-methylhex-1-ene	1 370.2	13	357.15	361.438 9	1.201
36	4-methylhex-1-ene	1 370.2	13	360.65	361.438 9	0.219
37	5-methylhex-1-ene	1 370.2	13	358.46	361.438 9	0.831
38	2-methylhex-2-ene	1 370.2	13	369.65	361.438 9	−2.221
39	2-ethylpent-1-ene	1 216.8	12	367.15	363.394 1	−1.023
40	3-ethylpent-1-ene	1 168.8	12	358.15	359.996 2	0.515
41	2，3-dimethylpent-1-ene	1 120.8	12	357.45	356.480 4	−0.271
42	2，4-dimethylpent-1-ene	1 168.8	12	354.75	359.996 2	1.479
43	3，3-dimethylpent-1-ene	1 072.8	12	350.65	352.837 3	0.624
44	3，4-dimethylpent-1-ene	1 120.8	12	353.95	356.480 4	0.715
45	4，4-dimethylpent-1-ene	1 120.8	12	345.65	356.480 4	3.133
46	3-ethylpent-2-ene	1 168.8	12	367.15	359.996 2	−1.948
47	2，3-dimethylpent-2-ene	1 120.8	12	370.65	356.480 4	−3.823
48	3，4-dimethylpent-2-ene	1 168.8	12	356.55	359.996 2	0.967
49	2，4-dimethylpent-2-ene	1 120.8	12	360.15	356.480 4	−1.019
50	4，4-dimethylpent-2-ene	1 120.8	12	349.85	356.480 4	1.895
51	2-ethyl-3-methylenepentane	1 120.8	12	362.15	356.480 4	−1.566
52	2，3，3-trimethylbut-1-ene	1 024.8	12	351.05	349.056 3	−0.568
53	oct-1-ene	2 374.4	14	394.45	399.159 5	1.194
54	(Z)-oct-2-ene	2 374.4	14	398.75	399.159 5	0.103
55	(E)-oct-2-ene	2 374.4	14	398.15	399.159 5	0.254

续表

序号	化合物	T	V	b. p. /K(exp)	b. p. /K(cal)	相对误差/%
56	(Z)-oct-3-ene	2 374. 4	14	396. 05	399. 159 5	0. 785
57	(E)-oct-3-ene	2 374. 4	14	396. 45	399. 159 5	0. 683
58	(Z)-oct-4-ene	2 374. 4	14	395. 65	399. 159 5	0. 887
59	(E)-oct-4-ene	2 374. 4	14	395. 45	399. 159 5	0. 938
60	2-methylhept-1-ene	2 234. 4	14	391. 35	393. 416 4	0. 528
61	2-methylhept-2-ene	2 234. 4	14	395. 75	393. 416 4	−0. 590
62	3-methyleneheptane	2 150. 4	14	393. 15	389. 826 0	−0. 845
63	2，3-dimethylhex-2-ene	1 982. 4	14	395. 25	382. 282 1	−3. 281
64	2，5-dimethylhex-2-ene	2 094. 4	14	385. 75	387. 367 4	0. 419
65	2，4，4-trimethylpent-1-ene	1 870. 4	14	374. 55	376. 953 2	0. 642
66	2，3，4-trimethylpent-2-ene	1 842. 4	14	389. 65	375. 579 7	−3. 611
67	2，4，4-trimethylpent-2-ene	1 870. 4	14	378. 05	376. 953 2	−0. 290
68	non-1-ene	3 868. 8	16	419. 15	423. 322 6	0. 995
69	(E)-non-3-ene	3 868. 8	16	420. 65	423. 322 6	0. 635
70	dec-1-ene	5 976. 0	18	443. 65	445. 801 3	0. 485
71	2-methylnon-3-ene	5 724. 0	18	434. 15	441. 012 2	1. 581
72	3，7-dimethyloct-1-ene	5 292. 0	18	427. 15	432. 382 2	1. 225
73	2，6-dimethyloct-2-ene	5 130. 0	18	436. 15	428. 995 7	−1. 640
74	undec-1-ene	8 844. 0	20	465. 85	466. 855 6	0. 216
75	(E)-undec-2-ene	8 844. 0	20	465. 65	466. 855 6	0. 259
76	(E)-undec-5-ene	8 844. 0	20	465. 15	466. 855 6	0. 367
77	dodec-1-ene	12 636. 8	22	486. 55	486. 684 6	0. 028
78	tridec-1-ene	17 534. 4	24	505. 95	505. 444 6	−0. 100
79	pentadec-1-ene	31 444. 0	28	541. 35	540. 236 7	−0. 206
80	hexadec-1-ene	40 896. 0	30	557. 55	556. 456 6	−0. 196
81	heptadec-1-ene	52 332. 8	32	573. 15	571. 992 6	−0. 202
82	icos-1-ene	101 232. 0	38	614. 15	615. 065 2	0. 149
83	ethyne	5. 6	2	189. 15	182. 049 6	−3. 754
84	prop-1-yne	36. 8	4	249. 95	235. 608 3	−5. 738
85	but-1-yne	129. 6	6	281. 25	277. 905 1	−1. 189
86	but-2-yne	129. 6	6	300. 15	277. 905 1	−7. 411
87	pent-1-yne	336. 0	8	313. 35	313. 858 5	0. 162
88	pent-2-yne	336. 0	8	329. 15	313. 858 5	−4. 646
89	3-methylbut-1-yne	304. 0	8	302. 65	307. 083 3	1. 465
90	hex-1-yne	724. 0	10	344. 45	345. 522 7	0. 311

续表

序号	化合物	T	V	b. p. /K(exp)	b. p. /K(cal)	相对误差/%
91	hex-2-yne	724.0	10	357.15	345.522 7	−3.256
92	4-methylpent-1-yne	664.0	10	334.65	338.859 0	1.258
93	4-methylpent-2-yne	664.0	10	345.65	338.859 0	−1.965
94	3，3-dimethylbut-1-yne	584.0	10	312.65	329.146 7	5.276
95	hept-1-yne	1 377.6	12	372.85	374.020 7	0.314
96	hept-2-yne	1 377.6	12	385.15	374.020 7	−2.890
97	hept-3-yne	1 377.6	12	378.65	374.020 7	−1.223
98	5-methylhex-1-yne	1 281.6	12	365.15	367.809 0	0.728
99	5-methylhex-2-yne	1 281.6	12	375.65	367.809 0	−2.087
100	2-methylhex-3-yne	1 281.6	12	368.35	367.809 0	−0.147
101	3-ethylpent-1-yne	1 185.6	12	361.15	361.198 4	0.013
102	4，4-dimethylpent-1-yne	1 137.6	12	349.25	357.724 9	2.427
103	4，4-dimethylpent-2-yne	1 137.6	12	356.15	357.724 9	0.442
104	oct-1-yne	2 396.8	14	398.35	400.052 2	0.427
105	oct-2-yne	2 396.8	14	411.15	400.052 2	−2.699
106	oct-3-yne	2 396.8	14	406.15	400.052 2	−1.501
107	oct-4-yne	2 396.8	14	404.65	400.052 2	−1.136
108	3-ethyl-3-methylpent-1-yne	1 836.8	14	374.65	375.303 0	0.174
109	non-1-yne	3 897.6	16	423.95	424.089 9	0.033
110	non-2-yne	3 897.6	16	431.65	424.089 9	−1.751
111	dec-1-yne	6 012.0	18	447.15	446.471 8	−0.152
112	dec-3-yne	6 012.0	18	448.65	446.471 8	−0.486
113	undec-1-yne	8 888.0	20	469.15	467.449 4	−0.362
114	undec-5-yne	8 888.0	20	471.15	467.449 4	−0.785
115	dodec-1-yne	12 689.6	22	488.15	487.216 2	−0.191
116	tetradec-2-yne	23 805.6	26	525.65	523.698 4	−0.371
117	pentadec-1-yne	31 528.0	28	541.15	540.637 6	−0.095
118	hexadec-1-yne	40 992.0	30	557.15	556.826 3	−0.058
119	octadec-1-yne	66 136.8	34	586.15	587.224 6	0.183
120	nonadec-1-yne	82 353.6	36	600.15	601.546 2	0.233
121	icos-1-yne	101 384.0	38	613.15	615.345 0	0.358

通过对上述炔烃、烯烃的 T、V 指数进行计算，将计算值与实验值对比可以发现，实验值与计算值吻合良好。经过计算，得到

$$\text{总的平均相对误差}=\frac{1}{121}\sum\left|\text{相对误差}\right|=0.034\,89\%$$

为直观起见，用散点图来表示炔烃、烯烃沸点实验值与计算值的相关程度，如图 2-20 所示。

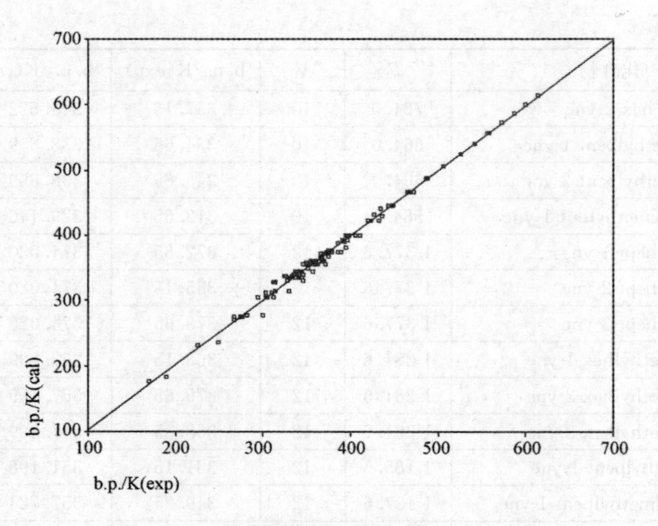

图 2-20　散点图(6)

由图 2-20 可以看出，炔烃的 T、V 指数值与炔烃、烯烃沸点的关联程度非常大，它们之间的线性关系很明显。

将炔烃、烯烃沸点 b. p. (K)与 T 建立回归方程：

$$\text{b. p. (K)} = 9.598 + 145.616T^{1/8} \tag{2-16}$$

$$R=0.996,\ S=7.630\ 46,\ F=13\ 159.53,\ n=121$$

式中，R 为相关系数，S 为估计标准偏差，F 为 Fisher 检验值，n 为样本数。

利用 SPSS 软件处理得到正态概率分布图，如图 2-21 所示。

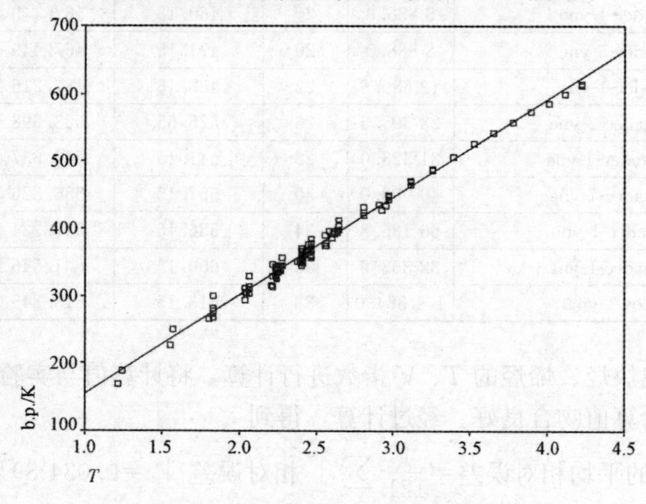

图 2-21　正态概率分布图(3)

将炔烃、烯烃沸点 b. p.（K）与 T、V 建立回归方程：

$$b.p.(K)=-38.660+179.574T^{1/8}-2.768V \quad (2\text{-}17)$$

$$R=0.996,\ S=7.06778,\ F=7679.486,\ n=121$$

式中，R 为相关系数，S 为估计标准偏差，F 为 Fisher 检验值，n 为样本数。

利用 SPSS 软件处理得到三维散点分布图，如图 2-22 所示。

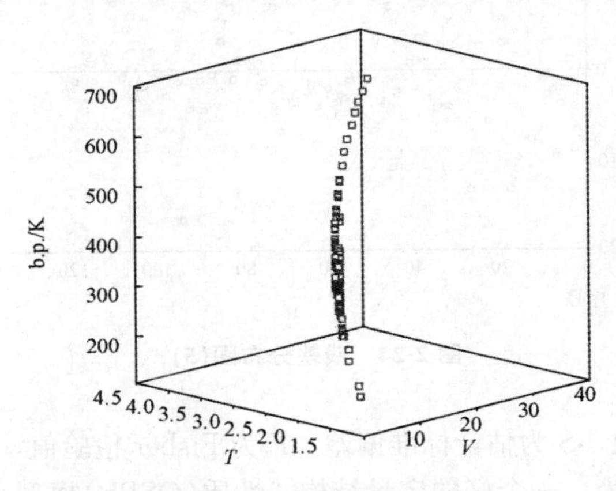

图 2-22　三维散点分布图(4)

利用 SPSS 软件处理得到残差频率分布图，如图 2-23 所示。

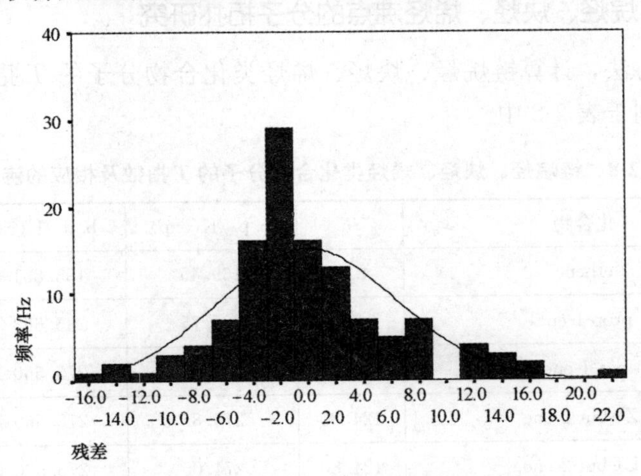

图 2-23　残差频率分布图(6)

利用 SPSS 软件处理得到残差分布图，如图 2-24 所示。

将炔烃、烯烃沸点 b. p.（K）与 T、V 建立回归方程：

$$b.p.(K)=-46.558+178.155T^{1/8}-12.116V+20.721T^{1/4} \quad (2\text{-}18)$$

$$R=0.997,\ S=6.45371,\ F=6148.444,\ n=121$$

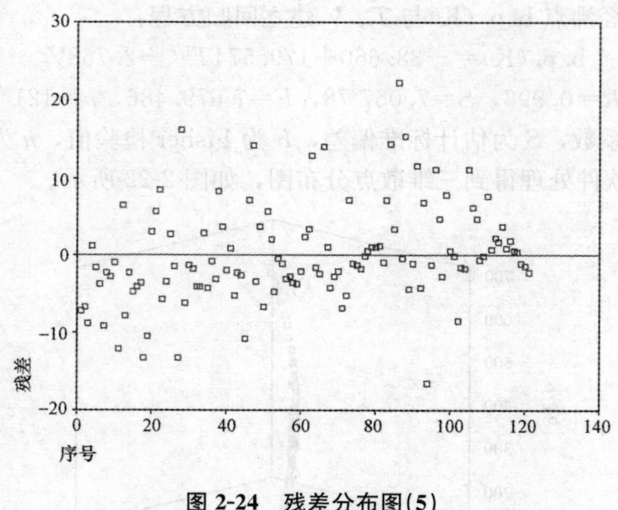

图 2-24　残差分布图(5)

式中，R 为相关系数，S 为估计标准偏差，F 为 Fisher 检验值，n 为样本数。

Mihalic 等人认为，一个好的定量结构—性质(QSPR)模型必须满足 $R>0.99$。本书建立的方程符合此要求。

2.4.6　链烷烃、炔烃、烯烃沸点的分子拓扑研究

应用上述方法，计算链烷烃、炔烃、烯烃类化合物分子的 T 指数及相应的沸点，并将它们列于表 2-8 中。

表 2-8　链烷烃、炔烃、烯烃类化合物分子的 T 指数及相应的沸点

序号	化合物	T	b. p. /K(exp)	b. p. /K(cal)	相对误差/%
1	ethene	4.80	169.45	185.851 1	9.679
2	prop-1-ene	34.40	225.75	235.663 3	4.391
3	but-1-ene	124.80	266.85	275.560 1	3.264
4	(Z)-but-2-ene	124.80	276.85	275.560 1	−0.466
5	(E)-but-2-ene	124.80	274.05	275.560 1	0.551
6	2-methylprop-1-ene	112.80	266.25	272.192 7	2.232
7	pent-1-ene	328.00	303.15	309.988 5	2.256
8	(Z)-pent-2-ene	328.00	310.05	309.988 5	−0.020
9	(E)-pent-2-ene	328.00	309.45	309.988 5	0.174
10	2-methylbut-1-ene	296.00	304.35	306.130 5	0.585

续表

序号	化合物	T	b. p. /K(exp)	b. p. /K(cal)	相对误差/%
11	3-methylbut-1-ene	296.00	293.15	306.130 5	4.428
12	2-methylbut-2-ene	296.00	311.75	306.130 5	−1.803
13	hex-1-ene	712.00	336.45	340.771 6	1.284
14	(Z)-hex-2-ene	712.00	341.95	340.771 6	−0.345
15	(Z)-hex-3-ene	712.00	339.55	340.771 6	0.360
16	(E)-hex-3-ene	712.00	340.25	340.771 6	0.153
17	2-methylpent-1-ene	652.00	333.85	337.123 2	0.980
18	3-methylpent-1-ene	652.00	324.25	337.123 2	3.970
19	4-methylpent-1-ene	652.00	327.05	337.123 2	3.080
20	2-methylpent-2-ene	652.00	340.45	337.123 2	−0.977
21	(Z)-3-methylpent-2-ene	632.00	340.75	335.841 6	−1.440
22	(E)-3-methylpent-2-ene	632.00	343.55	335.841 6	−2.244
23	(Z)-4-methylpent-2-ene	632.00	329.45	335.841 6	1.940
24	(E)-4-methylpent-2-ene	632.00	331.65	335.841 6	1.264
25	2-ethylbut-1-ene	632.00	337.85	335.841 6	−0.594
26	2，3-dimethylbut-1-ene	592.00	328.82	333.168 2	1.322
27	3，3-dimethylbut-1-ene	572.00	314.35	331.771 7	5.542
28	2，3-dimethylbut-2-ene	592.00	346.35	333.168 2	−3.806
29	hept-1-ene	1 360.80	366.75	368.887 5	0.583
30	(Z)-hept-2-ene	1 360.80	371.65	368.887 5	−0.743
31	(E)-hept-2-ene	1 360.80	371.15	368.887 5	−0.610
32	(Z)-hept-3-ene	1 360.80	368.95	368.887 5	−0.017
33	(E)-hept-3-ene	1 360.80	368.85	368.887 5	0.010
34	2-methylhex-1-ene	1 370.20	364.25	369.198 7	1.359
35	3-methylhex-1-ene	1 370.20	357.15	369.198 7	3.374
36	4-methylhex-1-ene	1 370.20	360.65	369.198 7	2.370
37	5-methylhex-1-ene	1 370.20	358.46	369.198 7	2.996
38	2-methylhex-2-ene	1 370.20	369.65	369.198 7	−0.122
39	2-ethylpent-1-ene	1 216.80	367.15	363.868 7	−0.894
40	3-ethylpent-1-ene	1 168.80	358.15	362.079 8	1.097
41	2，3-dimethylpent-1-ene	1 120.80	357.45	360.225 5	0.776
42	2，4-dimethylpent-1-ene	1 168.80	354.75	362.079 8	2.066
43	3，3-dimethylpent-1-ene	1 072.80	350.65	358.300 3	2.182

续表

序号	化合物	T	b. p. /K(exp)	b. p. /K(cal)	相对误差/%
44	3，4-dimethylpent-1-ene	1 120.80	353.95	360.225 5	1.773
45	4，4-dimethylpent-1-ene	1 120.80	345.65	360.225 5	4.217
46	3-ethylpent-2-ene	1 168.80	367.15	362.079 8	−1.381
47	2，3-dimethylpent-2-ene	1 120.80	370.65	360.225 5	−2.812
48	3，4-dimethylpent-2-ene	1 168.80	356.55	362.079 8	1.551
49	2，4-dimethylpent-2-ene	1 120.80	360.15	360.225 5	0.021
50	4，4-dimethylpent-2-ene	1 120.80	349.85	360.225 5	2.966
51	2-ethyl-3-methylenepentane	1 120.80	362.15	360.225 5	−0.531
52	2，3，3-trimethylbut-1-ene	1 024.80	351.05	356.298 2	1.495
53	oct-1-ene	2 374.40	394.45	394.937 4	0.124
54	(Z)-oct-2-ene	2 374.40	398.75	394.937 4	−0.956
55	(E)-oct-2-ene	2 374.40	398.15	394.937 4	−0.807
56	(Z)-oct-3-ene	2 374.40	396.05	394.937 4	−0.281
57	(E)-oct-3-ene	2 374.40	396.45	394.937 4	−0.382
58	(Z)-oct-4-ene	2 374.40	395.65	394.937 4	−0.180
59	(E)-oct-4-ene	2 374.40	395.45	394.937 4	−0.130
60	2-methylhept-1-ene	2 234.40	391.35	392.004 6	0.167
61	2-methylhept-2-ene	2 234.40	395.75	392.004 6	−0.946
62	3-methyleneheptane	2 150.40	393.15	390.166 8	−0.759
63	2，3-dimethylhex-2-ene	1 982.40	395.25	386.294 4	−2.266
64	2，5-dimethylhex-2-ene	2 094.40	385.75	388.906 3	0.818
65	2，4，4-trimethylpent-1-ene	1 870.40	374.55	383.550 0	2.403
66	2，3，4-trimethylpent-2-ene	1 842.40	389.65	382.841 5	−1.747
67	2，4，4-trimethylpent-2-ene	1 870.40	378.05	383.550 0	1.455
68	non-1-ene	3 868.80	419.15	419.323 6	0.041
69	(E)-non-3-ene	3 868.80	420.65	419.323 6	−0.315
70	dec-1-ene	5 976.00	443.65	442.331 8	−0.297
71	2-methylnon-3-ene	5 724.00	434.15	439.995 8	1.346
72	3，7-dimethyloct-1-ene	5 292.00	427.15	435.773 2	2.019
73	2，6-dimethyloct-2-ene	5 130.00	436.15	434.111 6	−0.467
74	undec-1-ene	8 844.00	465.85	464.173 8	−0.360
75	(E)-undec-2-ene	8 844.00	465.65	464.173 8	−0.317
76	(E)-undec-5-ene	8 844.00	465.15	464.173 8	−0.210

续表

序号	化合物	T	b. p. /K(exp)	b. p. /K(cal)	相对误差/%
77	dodec-1-ene	12 636.80	486.55	485.011 6	−0.316
78	tridec-1-ene	17 534.40	505.95	504.972 9	−0.193
79	pentadec-1-ene	31 444.00	541.35	542.657 6	0.242
80	hexadec-1-ene	40 896.00	557.55	560.534 6	0.535
81	heptadec-1-ene	52 332.80	573.15	577.850 0	0.820
82	icos-1-ene	101 232.0	614.15	626.892 1	2.075
83	ethyne	5.60	189.15	189.323 1	0.092
84	prop-1-yne	36.80	249.95	237.595 7	−4.943
85	but-1-yne	129.60	281.25	276.828 2	−1.572
86	but-2-yne	129.60	300.15	276.828 2	−7.770
87	pent-1-yne	336.00	313.35	310.901 3	−0.781
88	pent-2-yne	336.00	329.15	310.901 3	−5.544
89	3-methylbut-1-yne	304.00	302.65	307.128 0	1.480
90	hex-1-yne	724.00	344.45	341.468 9	−0.865
91	hex-2-yne	724.00	357.15	341.468 9	−4.391
92	4-methylpent-1-yne	664.00	334.65	337.875 8	0.964
93	4-methylpent-2-yne	664.00	345.65	337.875 8	−2.249
94	3，3-dimethylbut-1-yne	584.00	312.65	332.614 7	6.386
95	hept-1-yne	1 377.60	372.85	369.442 4	−0.914
96	hept-2-yne	1 377.60	385.15	369.442 4	−4.078
97	hept-3-yne	1 377.60	378.65	369.442 4	−2.432
98	5-methylhex-1-yne	1 281.60	365.15	366.188 1	0.284
99	5-methylhex-2-yne	1 281.60	375.65	366.188 1	−2.519
100	2-methylhex-3-yne	1 281.60	368.35	366.188 1	−0.587
101	3-ethylpent-1-yne	1 185.60	361.15	362.713 1	0.433
102	4，4-dimethylpent-1-yne	1 137.60	349.25	360.882 3	3.331
103	4，4-dimethylpent-2-yne	1 137.60	356.15	360.882 3	1.329
104	oct-1-yne	2 396.80	398.35	395.392 5	−0.742
105	oct-2-yne	2 396.80	411.15	395.392 5	−3.833
106	oct-3-yne	2 396.80	406.15	395.392 5	−2.649
107	oct-4-yne	2 396.80	404.65	395.392 5	−2.288
108	3-ethyl-3-methylpent-1-yne	1 836.80	374.65	382.698 6	2.148
109	non-1-yne	3 897.60	423.95	419.705 7	−1.001

续表

序号	化合物	T	b. p. /K(exp)	b. p. /K(cal)	相对误差/%
110	non-2-yne	3 897.60	431.65	419.705 7	−2.767
111	dec-1-yne	6 012.00	447.15	442.658 5	−1.004
112	dec-3-yne	6 012.00	448.65	442.658 5	−1.335
113	undec-1-yne	8 888.00	469.15	464.457 2	−1.000
114	undec-5-yne	8 888.00	471.15	464.457 2	−1.421
115	dodec-1-yne	12 689.60	488.15	485.260 6	−0.592
116	tetradec-2-yne	23 805.60	525.65	524.358 2	−0.246
117	pentadec-1-yne	31 528.00	541.15	542.836 1	0.312
118	hexadec-1-yne	40 992.00	557.15	560.696 7	0.637
119	octadec-1-yne	66 136.80	586.15	594.789 7	1.474
120	nonadec-1-yne	82 353.60	600.15	611.114 1	1.827
121	icos-1-yne	101 384.0	613.15	627.008 3	2.260
122	ethane	4.00	184.52	181.830 1	−1.458
123	propane	32.00	231.08	233.609 0	1.094
124	2-methylpropane	108.00	261.42	270.757 2	3.572
125	butane	120.00	272.65	274.248 6	0.586
126	2，2-dimethylpropane	256.00	282.65	300.758 0	6.407
127	2-methylbutane	288.00	300.95	305.109 1	1.382
128	pentane	320.00	309.22	309.055 9	−0.054
129	2，2-dimethylbutane	560.00	322.89	330.913 2	2.484
130	2，3-dimethylbutane	580.00	331.14	332.335 4	0.362
131	2-methylpentane	640.00	333.42	336.358 5	0.881
132	3-methylpentane	620.00	336.43	335.055 5	−0.409
133	hexane	700.00	341.89	340.064 1	−0.534
134	2，2，3-trimethylbutane	1 008.00	354.03	355.578 1	0.437
135	2，2-dimethylpentane	1 104.00	352.35	359.560 0	2.047
136	3，3-dimethylpentane	1 056.00	359.21	357.608 7	−0.447
137	2，3-dimethylpentane	1 104.00	362.93	359.560 0	−0.930
138	2，4-dimethylpentane	1 152.00	353.65	361.438 5	2.202
139	2-methylhexane	1 248.00	363.20	364.998 6	0.495
140	3-methylhexane	1 200.00	365.00	363.249 7	−0.480
141	3-ethylhexane	1 152.00	366.63	361.438 5	−1.415
142	heptane	1 344.00	371.57	368.326 7	−0.873

续表

序号	化合物	T	b. p. /K(exp)	b. p. /K(cal)	相对误差/%
143	2，2，3，3-tetramethylbutane	1 624.00	379.62	376.966 3	−0.699
144	2，2，3-trimethylpentane	1 764.00	382.99	380.806 2	−0.571
145	2，3，3-trimethylpentane	1 652.00	387.91	377.756 9	−2.617
146	2，2，4-trimethylpentane	1 848.00	372.39	382.983 9	2.845
147	2，2-dimethylhexane	1 988.00	379.99	386.428 0	1.694
148	3，3-dimethylhexane	1 876.00	384.21	383.690 6	−0.135
149	3-ethyl-3-methylpentane	1 792.00	391.41	381.542 0	−2.521
150	2，3，4-trimethylpentane	1 820.00	386.61	382.267 8	−1.123
151	2，3-dimethylhexane	1 960.00	388.75	385.756 6	−0.770
152	3-ethyl-2-methylpentane	1 876.00	388.80	383.690 6	−1.314
153	3，4-dimethylhexane	1 876.00	390.88	383.690 6	−1.838
154	2，4-dimethylhexane	1 988.00	373.58	386.428 0	3.439
155	2，5-dimethylhexane	2 072.00	373.25	388.393 9	4.056
156	2-methylheptane	2 212.00	390.80	391.520 5	0.185
157	3-methylheptane	2 128.00	392.08	389.666 1	−0.614
158	4-methylheptane	2 100.00	390.86	389.033 7	−0.467
159	3-ethylhexane	1 988.00	391.68	386.428 0	−1.342
160	octane	2 352.00	398.81	394.478 5	−1.086
161	2，2，3，3-tetramethylpentane	2 624.00	413.42	399.809 9	−3.292
162	2，2，3，4-tetramethylpentane	2 752.00	406.15	402.153 1	−0.984
163	2，2，3-trimethylhexane	2 944.00	404.85	405.495 0	0.159
164	3-ethyl-2，2-dimethylpentane	2 816.00	406.98	403.289 1	−0.907
165	3，3，4-trimethylhexane	2 816.00	413.65	403.289 1	−2.505
166	2，3，3，4-tetramethylpentane	2 688.00	414.65	400.993 7	−3.293
167	2，3，3-trimethylhexane	2 880.00	410.85	404.402 8	−1.569
168	3-ethyl-2，3-dimethylpentane	2 752.00	414.75	402.153 1	−3.037
169	2，2，4，4-tetramethylpentane	2 816.00	395.85	403.289 1	1.879
170	2，2，4-trimethylhexane	3 008.00	399.65	406.566 6	1.731
171	2，4，4-trimethylhexane	2 944.00	399.65	405.495 0	1.463
172	2，2，5-trimethylhexane	3 136.00	397.15	408.651 4	2.896
173	2，2-dimethylheptane	3 328.00	405.85	411.643 0	1.427
174	3，3-dimethylheptane	3 136.00	410.45	408.651 4	−0.438
175	4，4-dimethylheptane	3 072.00	408.35	407.618 5	−0.179

续表

序号	化合物	T	b. p. /K(exp)	b. p. /K(cal)	相对误差/%
176	3-ethyl-3-methylhexane	2 944.00	413.75	405.495 0	−1.995
177	3，3-diethylpentane	2 816.00	419.35	403.289 1	−3.830
178	2，3，4-trimethylhexane	2 944.00	412.15	405.495 0	−1.615
179	3-ethyl-2，4-dimethylpentane	2 880.00	409.88	404.402 8	−1.336
180	2，3，5-trimethylhexane	3 072.00	404.45	407.618 5	0.783
181	2，3-dimethylheptane	3 264.00	413.65	410.663 0	−0.722
182	3-ethyl-2-methylhexane	3 072.00	411.15	407.618 5	−0.859
183	3，4-dimethylheptane	3 136.00	413.25	408.651 4	−1.113
184	3-ethyl-4-methylhexane	3 008.00	413.55	406.566 6	−1.689
185	2，4-dimethylheptane	3 136.00	406.65	408.651 4	0.492
186	4-ethyl-2－methylhexane	3 136.00	406.95	408.651 4	0.418
187	3，5-dimethylheptane	3 200.00	409.15	409.666 0	0.126
188	2，5-dimethylheptane	3 328.00	409.15	411.643 0	0.609
189	2，6-dimethylheptane	3 456.00	408.35	413.554 5	1.275
190	2-methyloctane	3 648.00	415.95	416.308 8	0.086
191	3-methyloctane	3 552.00	416.45	414.948 0	−0.361
192	4-methyloctane	3 456.00	415.55	413.554 5	−0.480
193	3-ethylheptane	3 328.00	416.15	411.643 0	−1.083
194	4-ethylheptane	3 264.00	414.35	410.663 0	−0.890
195	nonane	3 840.00	423.92	418.939 0	−1.175
196	decane	5 940.00	451.30	442.003 5	−2.060

通过对上述链烷烃、炔烃、烯烃的 T 指数进行计算，将计算值与实验值对比可以发现，实验值与计算值吻合良好。经过计算，得到

$$总的平均相对误差=\frac{1}{196}\sum|\ 相对误差\ |=0.073\ 67\%$$

为直观起见，用散点图来表示链烷烃、炔烃、烯烃沸点实验值与计算值的相关程度，如图 2-25 所示。

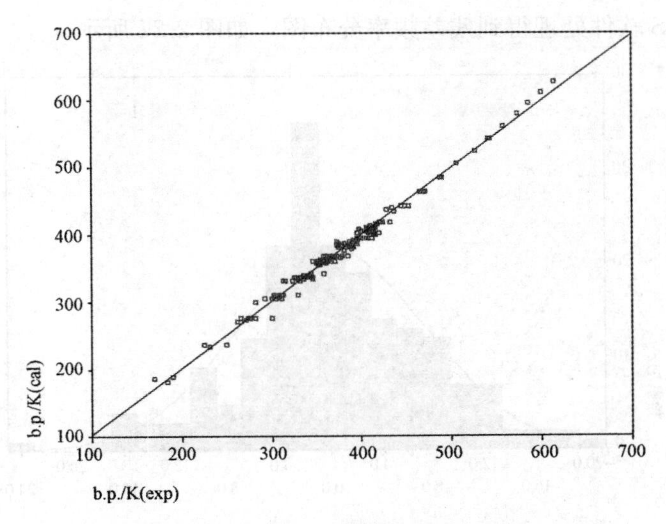

图 2-25　散点图(7)

由图 2-25 可以看出，链烷烃、炔烃、烯烃的 T 指数值与链烷烃、炔烃、烯烃沸点的关联程度非常大，它们之间的线性关系很明显。

将链烷烃、炔烃、烯烃沸点 b. p. (K)与 T 建立回归方程：

$$\text{b. p. (K)} = 7.396 + 146.681T^{1/8} \tag{2-19}$$

$$R = 0.995,\ S = 6.965\,15,\ F = 17\,346.73,\ n = 196$$

式中，R 为相关系数，S 为估计标准偏差，F 为 Fisher 检验值，n 为样本数。

利用 SPSS 软件处理得到正态概率分布图，如图 2-26 所示。

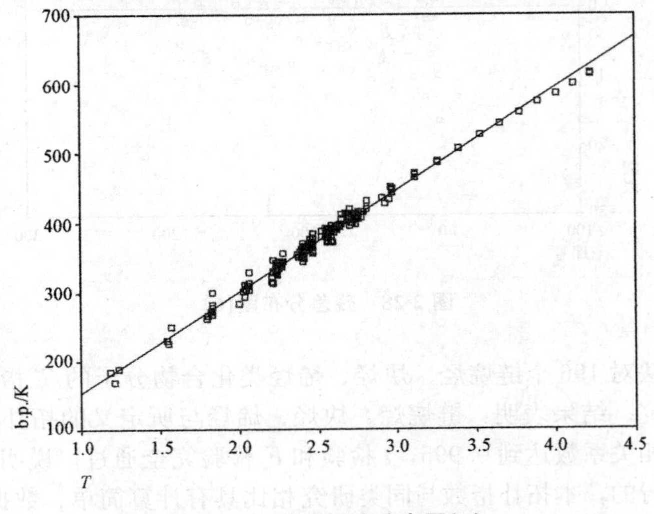

图 2-26　正态概率分布图(4)

利用 SPSS 软件处理得到残差频率分布图，如图 2-27 所示。

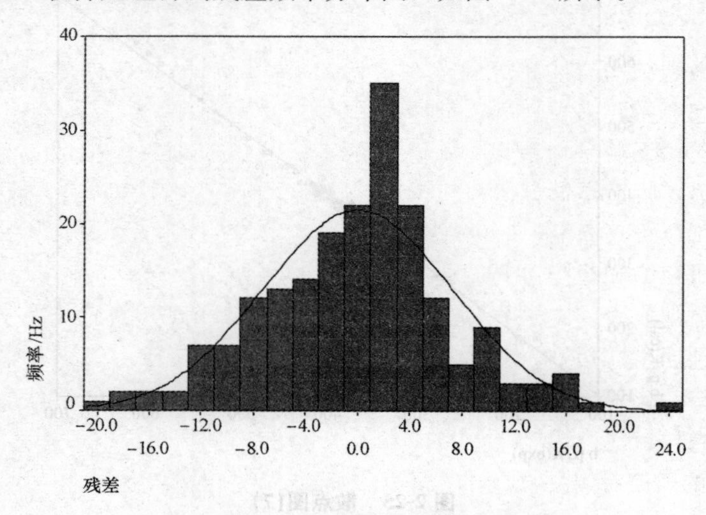

图 2-27　残差频率分布图(7)

利用 SPSS 软件处理得到残差分布图，如图 2-28 所示。

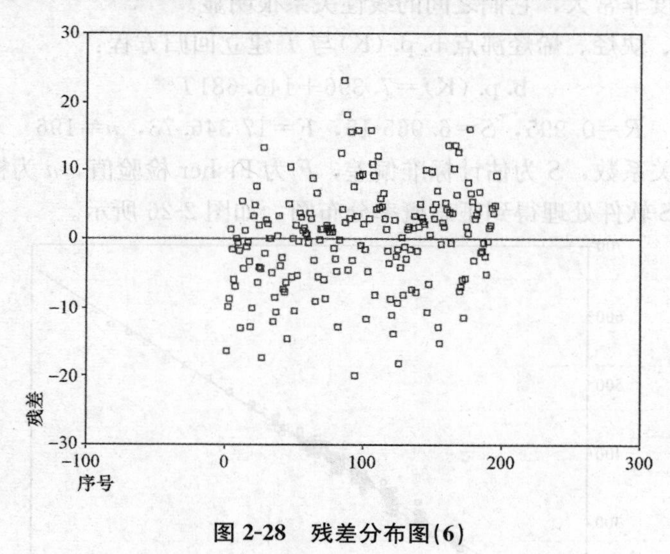

图 2-28　残差分布图(6)

用上述方法对 196 个链烷烃、炔烃、烯烃类化合物分子的 T 指数及相应的沸点进行相关研究。结果表明：链烷烃、炔烃、烯烃与所定义的拓扑指数确有较好的相关性，其相关系数达到 0.995，t 检验和 F 检验完全通过，说明所构建的拓扑指数是完全可行的，本拓扑指数与同类研究相比具有计算简单、数据易得等优点，但也有物理意义不甚清晰等不足。

2.4.7 炔烃热力学性质[26]的分子拓扑研究

分子的微观结构与性质之间存在密切关系。物质的理化性质、生物活性等数据的获取，迄今主要来自实验。建立结构与性能之间的数量关系并用以估算和预测分子的性质，无疑是一项十分有意义的工作。近年来，拓扑学的发展及其向化学领域的渗透，特别是计算机在化学中的广泛应用，为定量结构—性质/活性相关(QSPR/QSAR)研究提供了一种有力的工具，引起了科学工作者的广泛兴趣。其中用拓扑指数研究饱和烃类的理化性质已有大量报道，但用拓扑指数研究炔烃的理化性质的报道则较少。本书在建立距离矩阵和邻接矩阵计算的基础上，根据距离矩阵和分子键连接性指数及炔烃分子结构的特点，提出一个新的拓扑指数，用计算机回归方法，找到了一系列简单、准确地对一些炔烃物理化学性质的构性关系(QSPR)进行计算的方法，相关性明显。

1. 炔烃的气态标准生成焓的分子拓扑研究

应用上述方法，计算炔烃类化合物分子的 P_2 指数及相应的气态标准生成焓，并将它们列于表 2-9 中。

表 2-9 炔烃类化合物分子的 P_2 指数及相应的气态标准生成焓

序号	化合物	P_2	$-\Delta fH^{\theta}_{m}(g)$ /(kJ·mol^{-1}) (exp)	$-\Delta fH^{\theta}_{m}(g)$ /(kJ·mol^{-1}) (cal)	相对误差/%
1	ethyne	0.333 3	−226.70	−204.55	−9.773
2	prop-1-yne	0.788 7	−185.40	−185.90	0.269
3	but-1-yne	1.349 3	−165.20	−162.94	−1.366
4	but-2-yne	1.250 0	−146.30	−167.01	14.155
5	pent-1-yne	1.851 0	−144.30	−142.40	−1.317
6	pent-2-yne	1.810 6	−128.90	−144.05	11.757
7	hex-1-yne	2.349 2	−123.60	−122.00	−1.294
8	hept-1-yne	2.849 2	−103.00	−101.53	−1.430
9	oct-1-yne	3.349 2	−82.40	−81.05	−1.634
10	non-1-yne	3.849 2	−61.80	−60.58	−1.974
11	dec-1-yne	4.349 2	−41.20	−40.11	−2.655
12	undec-1-yne	4.849 2	−20.60	−19.63	−4.695
13	dodec-1-yne	5.349 2	0.04	0.84	2 001.731
14	tridec-1-yne	5.849 2	20.60	21.31	3.467
15	tetradec-1-yne	6.349 2	41.30	41.79	1.181

续表

序号	化合物	P_2	$-\Delta fH_m^\theta(g)$ /(kJ·mol^{-1}) (exp)	$-\Delta fH_m^\theta(g)$ /(kJ·mol^{-1}) (cal)	相对误差/%
16	pentadec-1-yne	6.849 2	61.80	62.26	0.746
17	hexadec-1-yne	7.349 2	82.50	82.73	0.284
18	heptadec-1-yne	7.849 2	103.10	103.21	0.105
19	octadec-1-yne	8.349 2	123.70	123.68	−0.015
20	nonadec-1-yne	8.849 2	144.30	144.16	−0.100
21	icos-1-yne	9.349 2	164.90	164.63	−0.165

对上述炔烃的 P_2 指数进行计算的结果表明：具有高的选择性，可以有效区分炔烃同系物及同分异构体。将计算值与实验值对比可以发现，实验值与计算值吻合良好。经过计算，得到

$$\text{总的平均相对误差}=\frac{1}{21}\sum|\text{相对误差}|=0.277\ 31\%$$

为直观起见，用散点图来表示炔烃的气态标准生成焓实验值与计算值的相关程度，如图 2-29 所示。

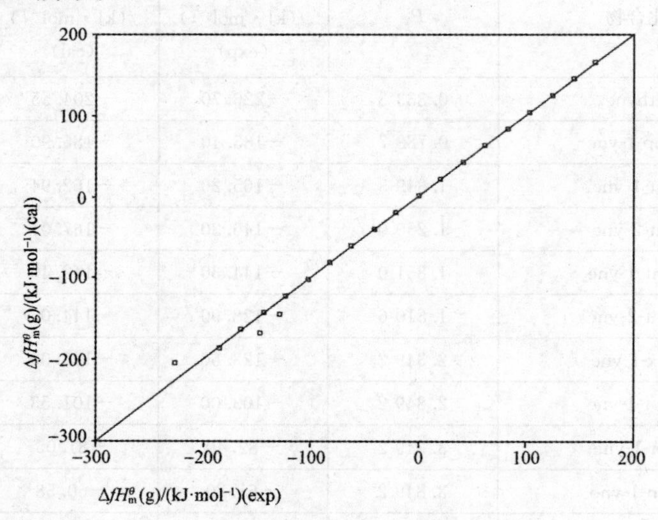

图 2-29 散点图(8)

由图 2-29 可以看出，炔烃的 P_2 指数值与炔烃的气态标准生成焓的关联程度非常大，它们之间的线性关系很明显。

将炔烃气态标准生成焓与 P_2 建立回归方程：

$$-\Delta fH_{\mathrm{m}}^{\theta}(\mathrm{g})=-218.193+40.947P_2 \quad (2\text{-}20)$$

$$R=0.998,\ S=7.848\,01,\ F=4\,441.561,\ n=21$$

式中，R 为相关系数，S 为估计标准偏差，F 为 Fisher 检验值，n 为样本数。

利用 SPSS 软件处理得到正态概率分布图，如图 2-30 所示。

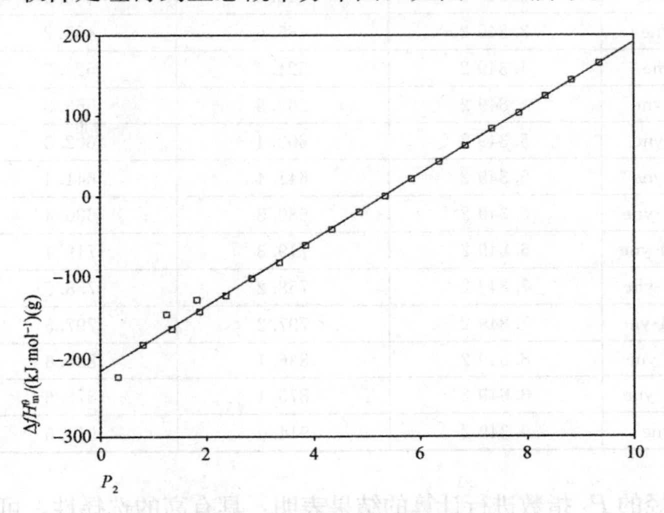

图 2-30　正态概率分布图(5)

P_2 的物理意义明确，使结构与性质显著相关。用 P_2 表示 $\Delta fH_{\mathrm{m}}^{\theta}(\mathrm{g})$，具有计算简便的特点，没有简并现象。

2. 炔烃的气态标准熵的分子拓扑研究

应用上述方法，计算炔烃类化合物分子的 P_2 指数及相应的气态标准熵，并将它们列于表 2-10 中。

表 2-10　炔烃类化合物分子的 P_2 指数及相应的气态标准熵

序号	化合物	P_2	$S_{\mathrm{m}}^{\theta}/(\mathrm{J\cdot mol^{-1}\cdot K^{-1}})$ (exp)	$S_{\mathrm{m}}^{\theta}/(\mathrm{J\cdot mol^{-1}\cdot K^{-1}})$ (cal)	相对误差/%
1	ethyne	0.333 3	200.8	210.7	4.945
2	prop-1-yne	0.788 7	248.1	246.3	−0.732
3	but-1-yne	1.349 3	290.8	290.1	−0.258
4	but-2-yne	1.250 0	283.3	282.3	−0.354
5	pent-1-yne	1.851 0	329.8	329.2	−0.176
6	pent-2-yne	1.810 6	331.8	326.1	−1.728
7	hex-1-yne	2.349 2	368.7	368.1	−0.158
8	hept-1-yne	2.849 2	407.7	407.2	−0.134

续表

序号	化合物	P_2	S_m^θ/(J·mol^{-1}·K^{-1})(exp)	S_m^θ/(J·mol^{-1}·K^{-1})(cal)	相对误差/%
9	oct-1-yne	3.349 2	446.6	446.2	−0.092
10	non-1-yne	3.849 2	485.6	485.2	−0.077
11	dec-1-yne	4.349 2	524.5	524.3	−0.045
12	undec-1-yne	4.849 2	563.5	563.3	−0.036
13	dodec-1-yne	5.349 2	602.4	602.3	−0.011
14	tridec-1-yne	5.849 2	641.4	641.4	−0.004
15	tetradec-1-yne	6.349 2	680.3	680.4	0.016
16	pentadec-1-yne	6.849 2	719.3	719.4	0.020
17	hexadec-1-yne	7.349 2	758.2	758.5	0.037
18	heptadec-1-yne	7.849 2	797.2	797.5	0.040
19	octadec-1-yne	8.349 2	836.1	836.6	0.054
20	nonadec-1-yne	8.849 2	875.1	875.6	0.056
21	icos-1-yne	9.349 2	914.0	914.6	0.069

对上述炔烃的 P_2 指数进行计算的结果表明：具有高的选择性，可以有效区分炔烃同系物及同分异构体。将计算值与实验值对比可以发现，实验值与计算值吻合良好。经过计算，得到

$$\text{总的平均相对误差}=\frac{1}{21}\sum \mid \text{相对误差} \mid =0.068\ 14\%$$

为直观起见，用散点图来表示炔烃的气态标准熵实验值与计算值的相关程度，如图 2-31 所示。

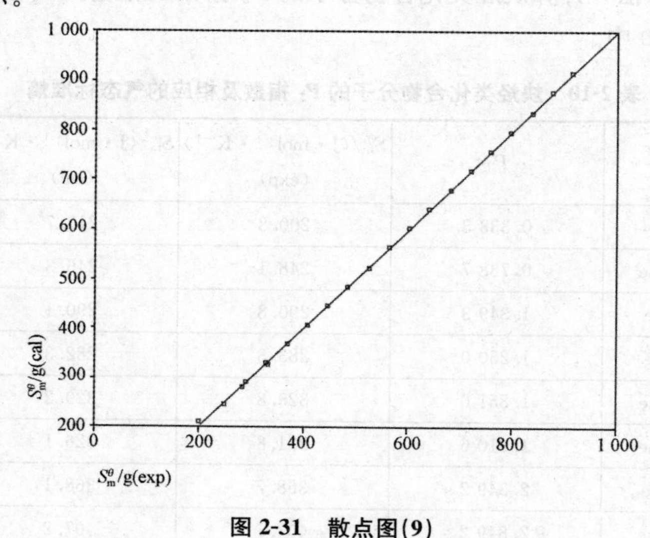

图 2-31　散点图(9)

由图 2-31 可以看出，炔烃的 P_2 指数值与炔烃的气态标准生成焓的关联程度非常大，它们之间的线性关系很明显。

将炔烃气态标准熵与 P_2 建立回归方程：

$$S_m^\theta(g)=184.707+78.073P_2 \quad (2\text{-}21)$$

$$R=0.9999,\ S=2.7025,\ F=136173.2,\ n=21$$

式中，R 为相关系数，S 为估计标准偏差，F 为 Fisher 检验值，n 为样本数。

利用 SPSS 软件处理得到正态概率分布图，如图 2-32 所示。

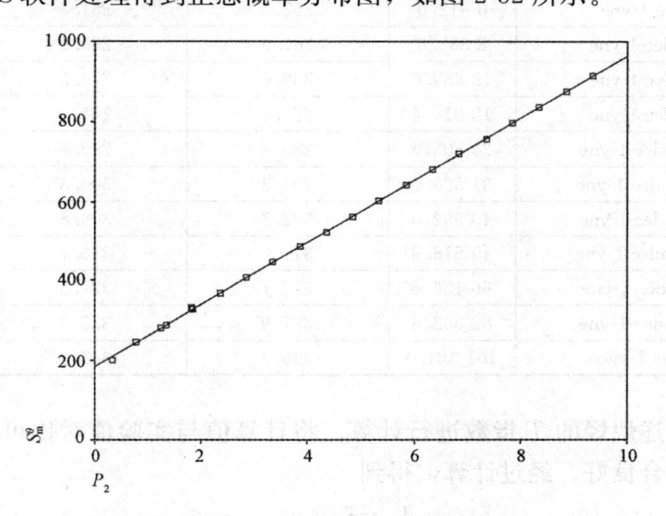

图 2-32　正态概率分布图(6)

P_2 的物理意义明确，使结构与性质显著相关。用 P_2 表示 $S_m^\theta(g)$，具有计算简便的特点，没有简并现象。

3. 炔烃的气态标准生成自由能的分子拓扑研究

应用上述方法，计算炔烃类化合物分子的 T 指数及相应的气态标准生成自由能，并将它们列于表 2-11 中。

表 2-11　炔烃类化合物分子的 T 指数及相应的气态标准生成自由能

序号	化合物	T	$\Delta fG_m^\theta(g)$ /(kJ · mol^{-1})(exp)	$\Delta fG_m^\theta(g)$ /(kJ · mol^{-1})(cal)	相对误差/%
1	ethyne	5.6	209.2	199.2	−4.802
2	prop-1-yne	36.8	194.4	202.1	3.964
3	but-1-yne	129.6	202.1	206.3	2.064
4	but-2-yne	129.6	185.4	206.3	11.257
5	pent-1-yne	210.0	210.2	208.7	−0.731
6	pent-2-yne	210.0	194.2	208.7	7.448

续表

序号	化合物	T	ΔfG^{θ}_{m}(g) /(kJ·mol^{-1})(exp)	ΔfG^{θ}_{m}(g) /(kJ·mol^{-1})(cal)	相对误差/%
7	hex-1-yne	724.0	218.6	217.9	−0.305
8	hept-1-yne	1 377.6	226.9	225.2	−0.741
9	oct-1-yne	2 396.8	235.4	233.3	−0.890
10	non-1-yne	3 897.6	243.8	242.1	−0.718
11	dec-1-yne	6 012.0	252.2	251.3	−0.352
12	undec-1-yne	8 888.0	260.6	260.9	0.131
13	dodec-1-yne	12 689.6	269.0	270.8	0.667
14	tridec-1-yne	18 014.4	277.4	281.5	1.469
15	tetradec-1-yne	23 805.6	285.8	290.6	1.686
16	pentadec-1-yne	31 528.0	294.3	300.3	2.053
17	hexadec-1-yne	40 992.0	302.7	309.8	2.342
18	heptadec-1-yne	49 516.8	311.0	316.7	1.847
19	octadec-1-yne	66 136.8	318.7	327.5	2.767
20	nonadec-1-yne	82 353.6	327.9	335.7	2.368
21	icos-1-yne	101 384.0	336.3	343.3	2.071

通过对上述炔烃的 T 指数进行计算，将计算值与实验值对比可以发现，实验值与计算值吻合良好。经过计算，得到

$$\text{总的平均相对误差}=\frac{1}{21}\sum|\text{相对误差}|=1.599\ 76\%$$

为直观起见，用散点图来表示气态标准生成自由能实验值与计算值的相关程度，如图 2-33 所示。

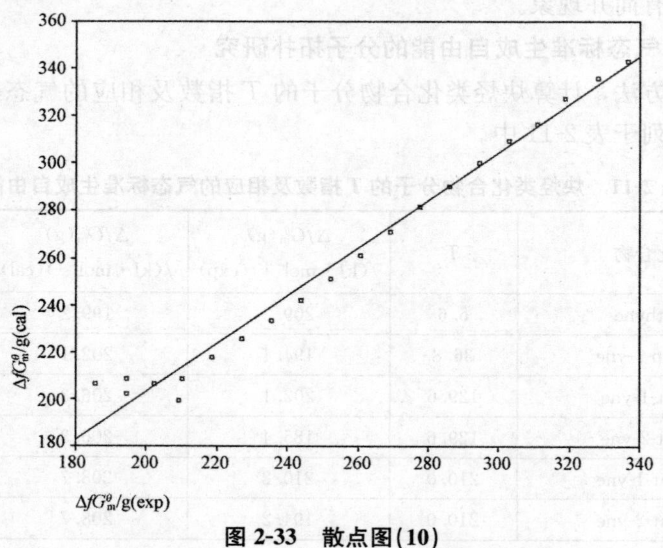

图 2-33 散点图(10)

由图 2-33 可以看出，炔烃的 T 指数值与气态标准生成自由能的关联程度良好，它们之间的线性关系相对明显。

将炔烃的气态标准生成自由能与 T 建立回归方程：

$$\ln[400-\Delta f G_{m}^{\theta}(g)]=5.312-0.004T^{1/2} \quad (2\text{-}22)$$

$$R=0.995,\ S=0.0365075,\ F=2053.211,\ n=21$$

式中，R 为相关系数，S 为估计标准偏差，F 为 Fisher 检验值，n 为样本数。

利用 SPSS 软件处理得到正态概率分布图，如图 2-34 所示。

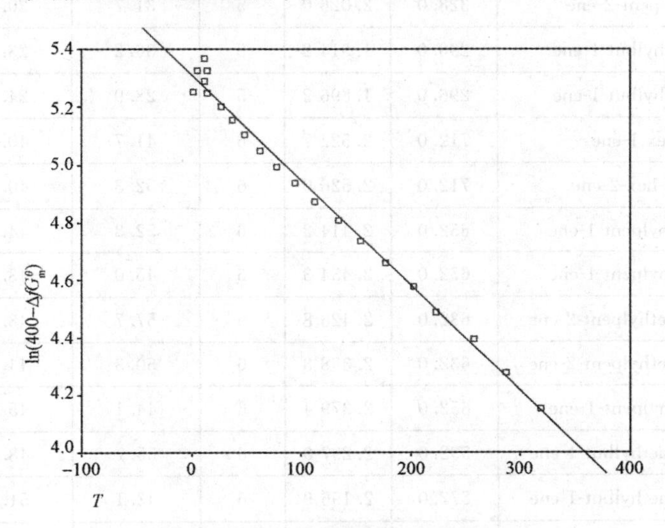

图 2-34 正态概率分布图(7)

T 的物理意义明确，使结构与性质显著相关。用 P_2 表示 $\Delta f G_{m}^{\theta}(g)$，具有计算简便的特点。

2.4.8 烯烃热力学性质的分子拓扑研究

1. 烯烃的气态标准生成焓的分子拓扑研究

应用上述方法，计算烯烃类化合物分子的 T、P_2 指数及相应的气态标准生成焓[27、28]，并将它们列于表 2-12 中。

表 2-12 烯烃类化合物分子的拓扑指数及相应的气态标准生成焓

序号	化合物	T	P_2	N	$-\Delta f H_{m}^{\theta}(g)$ (exp)	$-\Delta f H_{m}^{\theta}(g)$ (cal)	相对误差/%
1	ethene	4.8	0.500 0	2	−53.3	−43.6	−18.230
2	prop-1-ene	34.4	0.985 6	3	−20.4	−20.5	0.354
3	but-1-ene	124.8	1.523 6	4	0.1	−0.4	−532.627

续表

序号	化合物	T	P_2	N	$-\Delta fH^{\theta}_{m}(g)$ (exp)	$-\Delta fH^{\theta}_{m}(g)$ (cal)	相对误差/%
4	(E)-but-2-ene	124.8	1.488 0	4	11.2	0.9	−92.267
5	2-methylprop-1-ene	112.8	1.353 6	4	16.9	5.4	−68.194
6	pent-1-ene	328.0	2.023 6	5	20.9	20.4	−2.614
7	(E)-pent-2-ene	328.0	2.026 0	5	31.7	20.3	−36.069
8	2-methylbut-1-ene	296.0	1.914 2	5	36.2	23.9	−33.996
9	3-methylbut-1-ene	296.0	1.896 2	5	28.9	24.6	−15.052
10	hex-1-ene	712.0	2.522 7	6	41.7	40.7	−2.287
11	(Z)-hex-2-ene	712.0	2.526 0	6	52.3	40.6	−22.321
12	2-methylpent-1-ene	652.0	2.414 2	6	52.3	44.3	−15.339
13	3-methylpent-1-ene	652.0	2.434 3	6	45.0	43.5	−3.234
14	(Z)-3-methylpent-2-ene	632.0	2.426 8	6	57.7	43.7	−24.318
15	(Z)-4-methylpent-2-ene	632.0	2.398 8	6	50.3	44.7	−11.153
16	4-methylpent-1-ene	652.0	2.379 4	6	44.1	45.5	3.282
17	2，3-dimethylbut-1-ene	592.0	2.297 0	6	55.7	48.1	−13.661
18	3，3-dimethylbut-1-ene	572.0	2.196 9	6	43.1	51.6	19.674
19	2-ethylbut-1-ene	632.0	2.474 9	6	51.5	41.9	−18.614
20	hept-1-ene	1 360.8	3.023 6	7	62.3	60.8	−2.469
21	2-methylhex-1-ene	1 370.2	2.914 2	7	77.4	64.8	−16.293
22	3-methylhex-1-ene	1 370.2	2.934 3	7	66.9	64.1	−4.252
23	4-methylhex-1-ene	1 370.2	2.917 5	7	66.9	64.7	−3.335
24	5-methylhex-1-ene	1 370.2	2.879 4	7	66.9	66.1	−1.258
25	2，3-dimethylpent-1-ene	1 120.8	2.831 6	7	81.6	66.8	−18.195
26	2，4-dimethylpent-1-ene	1 168.8	2.416 5	7	84.8	82.1	−3.169
27	3，3-dimethylpent-1-ene	1 072.8	2.757 6	7	76.1	69.2	−9.031
28	3，4-dimethylpent-1-ene	1 120.8	2.807 0	7	73.6	67.7	−8.084
29	4，4-dimethylpent-1-ene	1 120.8	2.670 1	7	80.3	72.6	−9.534
30	4，4-dimethylpent-2-ene	1 120.8	2.699 7	7	73.6	71.6	−2.765
31	2-ethylpent-1-ene	1 216.8	2.974 9	7	74.9	62.0	−17.288
32	3-ethylpent-1-ene	1 168.8	2.972 2	7	64.0	61.8	−3.374

续表

序号	化合物	T	P_2	N	$-\Delta f H_m^\theta(g)$ (exp)	$-\Delta f H_m^\theta(g)$ (cal)	相对误差/%
33	2-ethyl-3-methylenepentane	1 120.8	2.857 5	7	80.5	65.8	−18.251
34	2，3，3-trimethylbut-1-ene	1 024.8	2.603 6	7	86.5	74.6	−13.744
35	hept-2-ene	1 360.8	3.026 0	7	69.0	60.7	−12.067
36	hept-3-ene	1 360.8	3.064 0	7	69.0	59.3	−14.076
37	4-methylhex-2-ene	1 204.8	2.936 7	7	73.2	63.3	−13.534
38	oct-1-ene	2 374.4	3.523 6	8	82.9	80.6	−2.813
39	non-1-ene	3 868.8	4.023 6	9	103.5	100.2	−3.208
40	dec-1-ene	5 976.0	4.523 6	10	124.1	119.6	−3.602
41	undec-1-ene	8 844.0	5.023 6	11	144.8	138.9	−4.044
42	dodec-1-ene	12 636.8	5.523 6	12	165.3	158.1	−4.331
43	tridec-1-ene	17 534.4	6.023 6	13	185.9	177.2	−4.661
44	tetradec-1-ene	23 732.8	6.523 6	14	206.5	196.2	−4.969
45	pentadec-1-ene	31 444.0	7.023 6	15	227.2	215.2	−5.298
46	hexadec-1-ene	40 896.0	7.523 6	16	247.8	234.0	−5.564
47	heptadec-1-ene	52 332.8	8.023 6	17	268.4	252.8	−5.813
48	octadec-1-ene	66 014.4	8.523 6	18	289.0	271.5	−6.048
49	nonadec-1-ene	82 216.8	9.023 6	19	309.6	290.2	−6.269
50	icos-1-ene	101 232.0	9.523 6	20	330.2	308.8	−6.477

通过对上述炔烃的 T、P_2 指数进行计算，将计算值与实验值进行对比可以发现，实验值与计算值吻合良好。经过计算，得到

$$\text{总的平均相对误差}=\frac{1}{50}\sum\mid\text{相对误差}\mid=-22.409\,68\%$$

将烯烃气态标准生成焓与 T、P_2、n 建立回归方程：

$$-\Delta f H_m^\theta(g)=-116.215-36.481P_2+35.894N+17.156T^{1/8} \tag{2-23}$$

$$R=0.998,\ S=5.419\,8,\ F=3\,880.984,\ n=50$$

式中，R 为相关系数，S 为估计标准偏差，F 为 Fisher 检验值，n 为样本数。

2. 烯烃的气态标准熵的分子拓扑研究

应用上述方法，计算烯烃类化合物分子的 T、P_2 指数及相应的气态标准熵，并将它们列于表 2-13 中。

表 2-13　烯烃类化合物的拓扑指数及相应的气态标准熵

序号	化合物	T	P_2	S^{θ}_{m}/(J·mol^{-1}·K^{-1})(exp)	S^{θ}_{m}/(J·mol^{-1}·K^{-1})(cal)	相对误差/%
1	ethene	4.8	0.500 0	219.5	226.4	3.160
2	prop-1-ene	34.4	0.985 6	266.9	263.2	−1.400
3	but-1-ene	124.8	1.523 6	307.1	306.2	−0.301
4	(E)-but-2-ene	124.8	1.488 0	296.4	302.2	1.949
5	2-methylprop-1-ene	112.8	1.353 6	293.6	288.7	−1.682
6	pent-1-ene	328.0	2.023 6	345.8	345.1	−0.215
7	(E)-pent-2-ene	328.0	2.026 0	340.4	345.3	1.448
8	2-methylbut-1-ene	296.0	1.914 2	339.5	334.8	−1.381
9	3-methylbut-1-ene	296.0	1.896 2	333.5	332.8	−0.213
10	hex-1-ene	712.0	2.522 7	384.6	383.9	−0.181
11	(Z)-hex-2-ene	712.0	2.526 0	386.5	384.3	−0.576
12	2-methylpent-1-ene	652.0	2.414 2	382.2	373.8	−2.187
13	3-methylpent-1-ene	652.0	2.434 3	376.8	376.1	−0.186
14	(Z)-3-methylpent-2-ene	632.0	2.426 8	378.4	376.0	−0.634
15	(Z)-4-methylpent-2-ene	632.0	2.398 8	373.3	372.9	−0.119
16	4-methylpent-1-ene	652.0	2.379 4	367.3	369.9	0.717
17	2，3-dimethylbut-1-ene	592.0	2.297 0	365.6	363.0	−0.723
18	3，3-dimethylbut-1-ene	572.0	2.196 9	343.7	352.5	2.564
19	2-ethylbut-1-ene	632.0	2.474 9	376.6	381.4	1.275
20	hept-1-ene	1 360.8	3.023 6	423.6	423.0	−0.145
21	2-methylhex-1-ene	1 370.2	2.914 2	—	410.5	—
22	3-methylhex-1-ene	1 370.2	2.934 3	—	412.8	—
23	4-methylhex-1-ene	1 370.2	2.917 5	—	410.9	—
24	5-methylhex-1-ene	1 370.2	2.879 4	—	406.6	—
25	2，3-dimethylpent-1-ene	1 120.8	2.831 6	—	406.9	—
26	2，4-dimethylpent-1-ene	1 168.8	2.416 5	—	359.1	—
27	3，3-dimethylpent-1-ene	1 072.8	2.757 6	—	399.7	—
28	3，4-dimethylpent-1-ene	1 120.8	2.807 0	—	404.1	—

续表

序号	化合物	T	P_2	S_m^{θ}/(J·mol^{-1}·K^{-1})(exp)	S_m^{θ}/(J·mol^{-1}·K^{-1})(cal)	相对误差/%
29	4，4-dimethylpent-1-ene	1 120.8	2.670 1	—	388.7	—
30	4，4-dimethylpent-2-ene	1 120.8	2.699 7	—	392.0	—
31	2-ethylpent-1-ene	1 216.8	2.974 9	—	420.7	—
32	3-ethylpent-1-ene	1 168.8	2.972 2	—	421.5	—
33	2-ethyl-3-methylenepentane	1 120.8	2.857 5	—	409.8	—
34	2，3，3-trimethylbut-1-ene	1 024.8	2.603 6	—	383.7	—
35	hept-2-ene	1 360.8	3.026 0	—	423.3	—
36	hept-3-ene	1 360.8	3.064 0	—	427.5	—
37	4-methylhex-2-ene	1 204.8	2.936 7	—	416.7	—
38	oct-1-ene	2 374.4	3.523 6	462.5	462.0	−0.111
39	non-1-ene	3 868.8	4.023 6	501.5	501.0	−0.099
40	dec-1-ene	5 976.0	4.523 6	540.4	540.0	−0.068
41	undec-1-ene	8 844.0	5.023 6	579.4	579.1	−0.058
42	dodec-1-ene	12 636.8	5.523 6	618.3	618.1	−0.032
43	tridec-1-ene	17 534.4	6.023 6	657.3	657.1	−0.023
44	tetradec-1-ene	23 732.8	6.523 6	696.2	696.2	−0.001
45	pentadec-1-ene	31 444.0	7.023 6	735.2	735.2	0.006
46	hexadec-1-ene	40 896.0	7.523 6	774.1	774.3	0.025
47	heptadec-1-ene	52 332.8	8.023 6	813.1	813.3	0.030
48	octadec-1-ene	66 014.4	8.523 6	852.0	852.4	0.047
49	nonadec-1-ene	82 216.8	9.023 6	891.0	891.5	0.051
50	icos-1-ene	101 232.0	9.523 6	929.9	930.5	0.066

对上述烯烃的 T、P_2 指数进行计算的结果表明：烯烃具有高的选择性，可以有效区分烯烃同系物及同分异构体。将计算值与实验值进行对比可以发现，实验值与计算值吻合良好。经过计算，得到

$$总的平均相对误差=\frac{1}{33}\sum|相对误差|=0.030\ 40\%$$

为直观起见，用散点图来表示烯烃的气态标准熵实验值与计算值的相关程度，如图 2-35 所示。

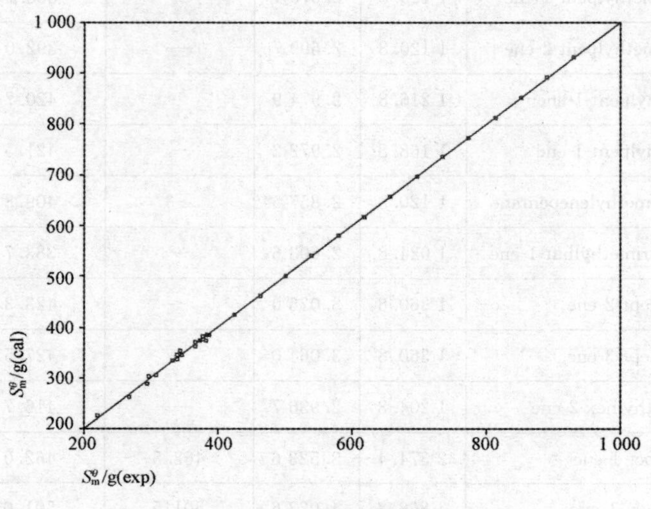

图 2-35　散点图(11)

由图 2-35 可以看出，烯烃的 T、P_2 指数值与烯烃的气态标准熵的关联程度非常大，它们之间的线性关系很明显。

将烯烃气态标准熵与 T 建立回归方程：

$$S_m^\theta(g)=198.281+112.324P_2-18.921T^{1/4} \tag{2-24}$$

$$R=0.999\ 99,\ S=3.495\ 1,\ F=52\ 860.85,\ n=33$$

式中，R 为相关系数，S 为估计标准偏差，F 为 Fisher 检验值，n 为样本数。

利用 SPSS 软件处理得到三维散点分布图，如图 2-36 所示。

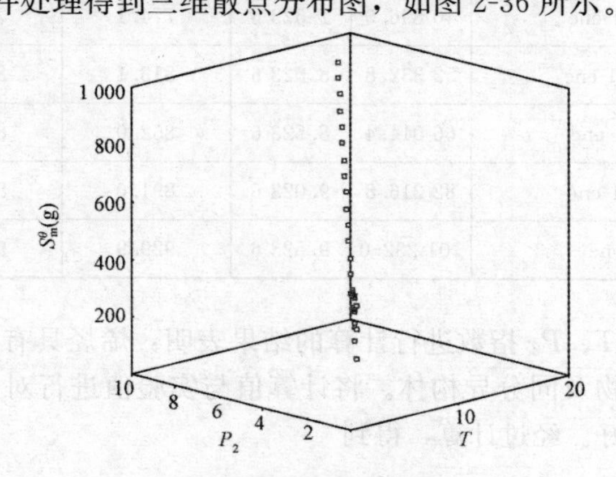

图 2-36　三维散点分布图(5)

T 的物理意义明确，使结构与性质显著相关。用 T 和 P_2 表示 $S_m^\theta(g)$，具有计算简便的特点，且引入 P_2 消除简并度，以实现对分子结构的唯一表征。Razinger 提出选择性系数 $C_{(s)}=N_{(val)}/N_{(str)}$，其中 $N_{(val)}$ 为拓扑指数可区分的异构体数，$N_{(str)}$ 为同碳异构体数。本书中 $C_{(s)}=1$，没有简并现象。总之，本书用 T、P_2 表征烯烃结构与烯烃的气态标准熵的关系优于单一用 T 表征。

3. 烯烃的气态标准生成自由能的分子拓扑研究

应用上述方法，计算烯烃类化合物分子的 T 指数及相应的气态标准生成自由能，并将它们列于表 2-14 中。

表 2-14　烯烃类化合物分子的 *T* 指数及相应的气态标准生成自由能

序号	化合物	T	$\Delta fG_m^\theta(g)$ /(kJ·mol^{-1})(exp)	$\Delta fG_m^\theta(g)$ /(kJ·mol^{-1})(cal)	相对误差/%
1	ethene	4.8	68.1	50.12	−26.398
2	prop-1-ene	34.4	62.7	59.06	−5.798
3	but-1-ene	124.8	71.3	67.81	−4.900
4	(E)-but-2-ene	124.8	63.0	67.81	7.629
5	2-methylprop-1-ene	112.8	58.1	67.01	15.342
6	pent-1-ene	328.0	79.1	76.48	−3.314
7	(E)-pent-2-ene	328.0	69.9	76.48	9.412
8	2-methylbut-1-ene	296.0	65.6	75.45	15.023
9	3-methylbut-1-ene	296.0	74.8	75.45	0.876
10	hex-1-ene	712.0	87.4	85.12	−2.609
11	(Z)-hex-2-ene	712.0	76.2	85.12	11.705
12	2-methylpent-1-ene	652.0	77.6	84.05	8.314
13	3-methylpent-1-ene	652.0	86.4	84.05	−2.718
14	(Z)-3-methylpent-2-ene	632.0	73.2	83.68	14.316
15	(Z)-4-methylpent-2-ene	632.0	82.1	83.68	1.924
16	4-methylpent-1-ene	652.0	90.0	84.05	−6.609
17	2，3-dimethylbut-1-ene	592.0	79.0	82.91	4.946
18	3，3-dimethylbut-1-ene	572.0	98.1	82.51	−15.895
19	2-ethylbut-1-ene	632.0	79.9	83.68	4.730
20	hept-1-ene	1360.8	95.8	93.74	−2.148
21	2-methylhex-1-ene	1 370.2	—	93.84	—
22	3-methylhex-1-ene	1 370.2	—	93.84	—

续表

序号	化合物	T	ΔfG^{θ}_{m}(g) /(kJ·mol^{-1})(exp)	ΔfG^{θ}_{m}(g) /(kJ·mol^{-1})(cal)	相对误差/%
23	4-methylhex-1-ene	1 370.2	—	93.84	—
24	5-methylhex-1-ene	1 370.2	—	93.84	—
25	2，3-dimethylpent-1-ene	1 120.8	—	91.01	—
26	2，4-dimethylpent-1-ene	1 168.8	—	91.59	—
27	3，3-dimethylpent-1-ene	1 072.8	—	90.41	—
28	3，4-dimethylpent-1-ene	1 120.8	—	91.01	—
29	4，4-dimethylpent-1-ene	1 120.8	—	91.01	—
30	4，4-dimethylpent-2-ene	1 120.8	—	91.01	—
31	2-ethylpent-1-ene	1 216.8	—	92.15	—
32	3-ethylpent-1-ene	1 168.8	—	91.59	—
33	2-ethyl-3-methylenepentane	1 120.8	—	91.01	—
34	2，3，3-trimethylbut-1-ene	1 024.8	—	89.79	—
35	hept-2-ene	1 360.8	—	93.74	—
36	hept-3-ene	1 360.8	—	93.74	—
37	4-methylhex-2-ene	1 204.8	—	92.01	—
38	oct-1-ene	2 374.4	104.2	102.35	−1.771
39	non-1-ene	3 868.8	112.7	110.96	−1.545
40	dec-1-ene	5 976.0	121.0	119.56	−1.191
41	undec-1-ene	8 844.0	129.5	128.15	−1.039
42	dodec-1-ene	12 636.8	137.9	136.75	−0.835
43	tridec-1-ene	17 534.4	146.3	145.34	−0.656
44	tetradec-1-ene	23 732.8	154.8	153.93	−0.562
45	pentadec-1-ene	31 444.0	163.1	162.52	−0.356
46	hexadec-1-ene	40 896.0	171.5	171.11	−0.229
47	heptadec-1-ene	52 332.8	179.9	179.69	−0.115
48	octadec-1-ene	66 014.4	188.3	188.28	−0.011
49	nonadec-1-ene	82 216.8	196.7	196.87	0.084
50	icos-1-ene	101 232.0	205.1	205.45	0.171

通过对上述烯烃的 T 指数进行计算，将计算值与实验值进行对比可以发现，实验值与计算值吻合良好。经过计算，得到

$$总的平均相对误差=\frac{1}{33}\sum|相对误差|=0.477\ 89\%$$

为直观起见，用散点图来表示烯烃的气态标准生成自由能实验值与计算值的相关程度，如图 2-37 所示。

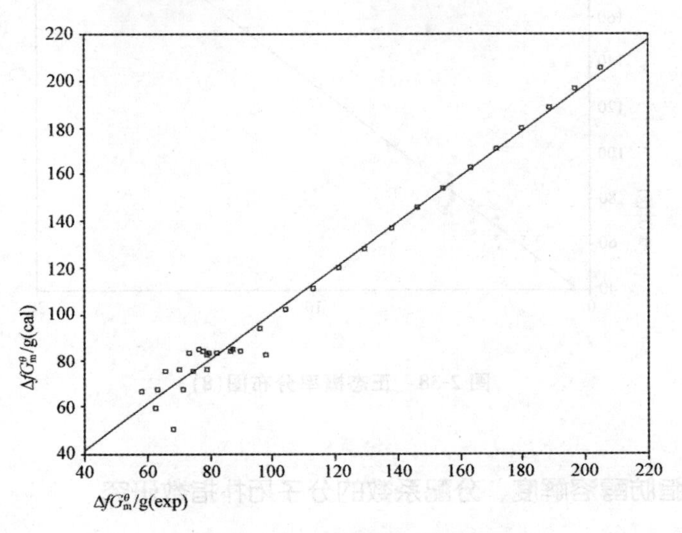

图 2-37　散点图(12)

由图 2-37 可以看出，烯烃的 T 指数与气态标准生成自由能的关联程度很小，它们之间的线性关系很明显。

将烯烃的气态标准生成自由能与 T 建立回归方程：

$$\Delta fG_{\mathrm{m}}^{\theta}(\mathrm{g})=36.067+9.496T^{1/4} \tag{2-25}$$

$$R=0.991,\ S=6.141\ 9,\ F=1\ 633.689,\ n=33$$

式中，R 为相关系数，S 为估计标准偏差，F 为 Fisher 检验值，n 为样本数。

利用 SPSS 软件处理得到正态概率分布图，如图 2-38 所示。

T 包含丰富的分子结构信息：①与碳原子个数 N 同向变化，即随着碳原子数的增加而增加；②对于烯烃的同分异构体而言，随着支化度的改变而改变[29]，与支化度同向变化。T、P_2 揭示了影响烯烃热力学性质的本质因素。实验数据表明，烯烃的热力学性质取决于分子的大小(N)及其内部结构(碳原子的支化程度、取代基的位置等)，这些因素均蕴含在 T、P_2 之中。回归结果表明，本书建构的拓扑指数与烯烃的标准生成焓、标准熵、标准生成自由能均具有良好的相关性，相关系数 $R>0.99$。Mihalic 等人认为，一个好的定量结构—性质(QSPR)模型必须满足 $R>0.99$，本书建立的方程符合要求。

由于烯烃有双键，不能揭示双键的位置对热力学性质的影响，这使有些预测产生了误差。

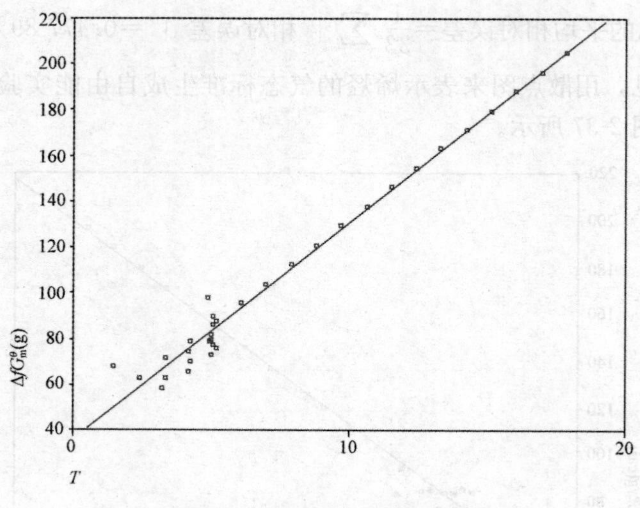

图 2-38　正态概率分布图(8)

2.4.9　脂肪醇溶解度、分配系数的分子拓扑指数研究

1. 脂肪醇溶解度的分子拓扑指数研究

应用上述方法，计算脂肪醇类化合物分子的 P_1、P_2 指数及相应的溶解度[30−34]，并将它们列于表 2-15 中。

表 2-15　脂肪醇类化合物分子的 P_1、P_2 指数及相应的溶解度

序号	化合物	P_1	P_2	N	$-\lg S_w$(exp)	$-\lg S_w$(cal)	相对误差/%
1	propan-1-ol	2.053 5	3.611 2	4	−0.026	−0.065	−348.577
2	2-butyl alcohol	1.975 6	3.774 4	4	−0.390	−0.158	−59.466
3	2-methylpropan-1-ol	1.909 3	3.774 4	4	−0.098	−0.071	−27.712
4	pentan-1-ol	2.553 5	4.318 3	5	0.590	0.600	1.628
5	3-methylbutan-1-ol	2.409 3	4.481 5	5	0.510	0.433	−15.047
6	2-methylbutan-1-ol	2.447 4	4.481 5	5	0.460	0.398	−13.474
7	2-amyl alcohol	2.475 6	4.481 5	5	0.280	0.373	33.078
8	pentan-3-ol	2.513 6	4.481 5	5	0.210	0.339	61.565
9	3-methylbutan-2-ol	2.348 3	4.644 6	5	0.210	0.206	−2.082
10	2-methylbutan-2-ol	2.305 7	4.697 0	5	0.230	0.158	−31.276
11	2，2-dimethylpropan-1-ol	2.200 0	4.697 0	5	0.300	0.272	−9.338
12	hexan-1-ol	3.053 5	5.025 4	6	1.210	1.155	−4.517
13	hexan-2-ol	2.975 6	5.188 6	6	0.870	0.927	6.558

续表

序号	化合物	P_1	P_2	N	$-\lg S_w$(exp)	$-\lg S_w$(cal)	相对误差/%
14	hexan-3-ol	3.013 6	5.188 6	6	0.800	0.904	12.975
15	3-methylpentan-3-ol	2.866 3	5.404 1	6	0.390	0.643	64.971
16	2-methylpentan-2-ol	3.512 7	5.404 1	6	0.510	0.300	−41.203
17	2-methylpentan-3-ol	2.886 2	5.351 7	6	0.700	0.715	2.200
18	3-methylpentan-2-ol	2.886 1	5.351 7	6	0.710	0.715	0.770
19	2，2-dimethylbutan-1-ol	2.760 6	5.404 1	6	1.040	0.719	−30.825
20	3，3-dimethylbutan-1-ol	2.700 0	5.404 1	6	0.500	0.766	53.199
21	2，3-dimethylbutan-2-ol	2.688 4	5.567 3	6	0.370	0.513	38.541
22	3，3-dimethylbutan-2-ol	2.649 0	5.567 3	6	0.640	0.545	−14.895
23	2-methylpentan-1-ol	2.947 4	5.188 6	6	1.050	0.945	−10.019
24	4-methylpentan-1-ol	2.909 3	5.188 6	6	0.990	0.969	−2.078
25	4-methylpentan-2-ol	2.831 5	5.351 7	6	0.810	0.753	−7.011
26	2-ethylbutan-1-ol	2.985 3	5.188 6	6	1.210	0.921	−23.880
27	heptan-1-ol	3.553 5	5.732 5	7	1.810	1.723	−4.812
28	heptan-2-ol	3.475 6	5.895 7	7	1.550	1.495	−3.574
29	heptan-3-ol	3.513 6	5.895 7	7	1.390	1.479	6.388
30	heptan-4-ol	3.513 6	5.895 7	7	1.390	1.479	6.388
31	2-methylhexan-2-ol	3.305 7	6.111 2	7	1.070	1.236	15.533
32	5-methylhexan-2-ol	3.331 5	6.058 8	7	1.380	1.305	−5.459
33	3-methylhexan-3-ol	3.366 3	6.111 2	7	0.980	1.207	23.129
34	2-methylhexan-3-ol	3.386 2	6.058 8	7	1.320	1.279	−3.135
35	2，2-dimethylpentan-1-ol	3.260 6	6.111 2	7	1.520	1.259	−17.156
36	2，4-dimethylpentan-1-ol	3.303 2	6.058 8	7	1.600	1.319	−17.585
37	4，4-dimethylpentan-1-ol	3.200 0	6.111 2	7	1.550	1.292	−16.672
38	2，3-dimethylpentan-2-ol	3.226 4	6.274 4	7	0.910	1.027	12.862
39	2，4-dimethylpentan-2-ol	3.161 5	6.274 4	7	0.930	1.063	14.315
40	3-ethylpentan-3-ol	3.427 0	6.111 2	7	0.830	1.179	42.000
41	2，2-dimethylpentan-3-ol	3.186 9	6.274 4	7	1.160	1.049	−9.588
42	2，3-dimethylpentan-3-ol	3.249 1	6.274 4	7	0.840	1.015	20.819
43	2，4-dimethylpentan-3-ol	3.259 0	6.222 0	7	1.220	1.090	−10.681
44	octan-1-ol	4.053 5	6.439 6	8	2.350	2.297	−2.259
45	octan-2-ol	3.975 6	6.602 8	8	2.070	2.069	−0.039
46	2-ethylhexan-1-ol	3.985 3	6.602 8	8	2.170	2.067	−4.765

续表

序号	化合物	P_1	P_2	N	$-\lg S_w$(exp)	$-\lg S_w$(cal)	相对误差/%
47	nonan-1-ol	4.553 5	7.146 8	9	3.000	2.874	−4.204
48	nonan-2-ol	4.475 6	7.309 9	9	2.740	2.647	−3.389
49	nonan-3-ol	4.513 6	7.309 9	9	2.660	2.642	−0.690
50	nonan-4-ol	4.513 6	7.309 9	9	2.590	2.642	1.995
51	nonan-5-ol	4.513 6	7.309 9	9	2.490	2.642	6.091
52	2，6-dimethylheptan-4-ol	4.231 3	7.636 2	9	2.510	2.226	−11.330
53	decan-1-ol	5.053 5	7.853 9	10	3.700	3.452	−6.707
54	undecan-2-ol	5.475 6	8.724 2	11	2.940	3.804	29.395
55	dodecan-1-ol	6.053 5	9.268 1	12	4.800	4.605	−4.064
56	tetradecan-1-ol	7.053 5	10.682 3	14	5.520	5.749	4.149
57	pentadecan-1-ol	7.553 5	11.389 4	15	5.840	6.317	8.161
58	hexadecan-1-ol	8.053 6	12.096 5	16	7.000	6.881	−1.701
59	octadecan-1-ol	9.053 6	13.510 7	18	8.400	7.999	−4.774

对上述脂肪醇类化合物的 P_1、P_2 指数进行计算的结果表明：具有高的选择性，可以有效区分脂肪醇类同系物。将计算值与实验值进行对比可以发现，实验值与计算值吻合良好，经过计算，得到

$$\text{总的平均相对误差}=\frac{1}{59}\sum|\ \text{相对误差}\ |\ =-5.208\ 03\%$$

为直观起见，用散点图来表示脂肪醇的溶解度实验值与计算值的相关程度，如图 2-39 所示。

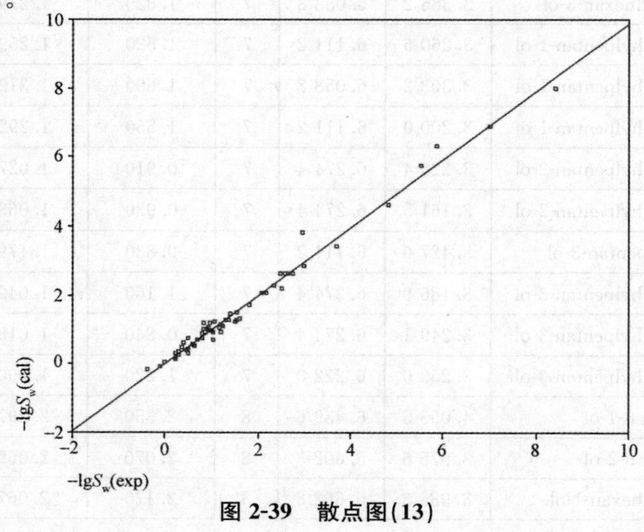

图 2-39　散点图(13)

由图 2-39 可以看出，脂肪醇类化合物的 P_1、P_2 指数与脂肪醇的溶解度的关联程度很小，它们之间的线性关系很明显。

将脂肪醇的溶解度与 T 建立回归方程：

$$-\lg S_w = 18.108 - 0.663P_2 + 1.132P_1 - 29.651(P_1 \times P_2)^{1/8} + 10.058N^{1/2} \tag{2-26}$$

$$R = 0.993,\ S = 0.021\,583\,4,\ F = 897.458,\ n = 59$$

式中，R 为相关系数，S 为估计标准偏差，F 为 Fisher 检验值，n 为样本数。

2. 脂肪醇的分配系数的分子拓扑指数研究

应用上述方法，计算脂肪醇类化合物分子的 N、P_2 指数及相应的分配系数，并将它们列于表 2-16 中[35−39]。

表 2-16 脂肪醇类化合物的 N、P_2 指数及相应的分配系数

序号	化合物	P_2	N	$\lg K_{ow}$(exp)	$\lg K_{ow}$(cal)	相对误差/%
1	propan-1-ol	3.611 2	4	0.84	0.79	−5.637
2	2-butyl alcohol	3.774 4	4	0.61	0.66	8.566
3	2-methylpropan-1-ol	3.774 4	4	0.61	0.66	8.566
4	pentan-1-ol	4.318 3	5	1.34	1.33	−0.920
5	3-methylbutan-1-ol	4.481 5	5	1.14	1.20	5.025
6	2-methylbutan-1-ol	4.481 5	5	1.14	1.20	5.025
7	2-amyl alcohol	4.481 5	5	1.14	1.20	5.025
8	pentan-3-ol	4.481 5	5	1.14	1.20	5.025
9	3-methylbutan-2-ol	4.644 6	5	1.14	1.07	−6.407
10	2-methylbutan-2-ol	4.697 0	5	0.89	1.03	15.179
11	2，2-dimethylpropan-1-ol	4.697 0	5	1.36	1.03	−24.625
12	hexan-1-ol	5.025 4	6	1.84	1.86	1.234
13	hexan-2-ol	5.188 6	6	1.61	1.73	7.597
14	hexan-3-ol	5.188 6	6	1.61	1.73	7.597
15	3-methylpentan-3-ol	5.404 1	6	1.39	1.56	12.239
16	2-methylpentan-2-ol	5.404 1	6	1.39	1.56	12.239
17	2-methylpentan-3-ol	5.351 7	6	1.67	1.60	−4.072
18	3-methylpentan-2-ol	5.351 7	6	1.67	1.60	−4.072
19	2，2-dimethylbutan-1-ol	5.404 1	6	1.57	1.56	−0.629
20	3，3-dimethylbutan-1-ol	5.404 1	6	1.57	1.56	−0.629
21	2，3-dimethylbutan-2-ol	5.567 3	6	1.17	1.43	22.199
22	3，3-dimethylbutan-2-ol	5.567 3	6	1.19	1.43	20.145
23	2-methylpentan-1-ol	5.188 6	6	1.78	1.73	−2.679
24	4-methylpentan-1-ol	5.188 6	6	1.78	1.73	−2.679

续表

序号	化合物	P_2	N	$\lg K_{ow}$(exp)	$\lg K_{ow}$(cal)	相对误差/%
25	4-methylpentan-2-ol	5.351 7	6	1.67	1.60	−4.072
26	2-ethylbutan-1-ol	5.188 6	6	1.78	1.73	−2.679
27	heptan-1-ol	5.732 5	7	2.34	2.40	2.467
28	heptan-2-ol	5.895 7	7	2.31	2.27	−1.847
29	heptan-3-ol	5.895 7	7	2.31	2.27	−1.847
30	heptan-4-ol	5.895 7	7	2.31	2.27	−1.847
31	2-methylhexan-2-ol	6.111 2	7	1.84	2.10	13.867
32	5-methylhexan-2-ol	6.058 8	7	2.19	2.14	−2.419
33	3-methylhexan-3-ol	6.111 2	7	1.87	2.10	12.040
34	2-methylhexan-3-ol	6.058 8	7	2.19	2.14	−2.419
35	2，2-dimethylpentan-1-ol	6.111 2	7	2.39	2.10	−12.337
36	2，4-dimethylpentan-1-ol	6.058 8	7	2.19	2.14	−2.419
37	4，4-dimethylpentan-1-ol	6.111 2	7	2.39	2.10	−12.337
38	2，3-dimethylpentan-2-ol	6.274 4	7	2.27	1.96	−13.447
39	2，4-dimethylpentan-2-ol	6.274 4	7	1.67	1.96	17.650
40	3-ethylpentan-3-ol	6.111 2	7	1.87	2.10	12.040
41	2，2-dimethylpentan-3-ol	6.274 4	7	2.27	1.96	−13.447
42	2，3-dimethylpentan-3-ol	6.274 4	7	1.67	1.96	17.650
43	2，4-dimethylpentan-3-ol	6.222 0	7	2.31	2.01	−13.133
44	octan-1-ol	6.439 6	8	2.84	2.93	3.266
45	octan-2-ol	6.602 8	8	2.84	2.80	−1.325
46	2-ethylhexan-1-ol	6.602 8	8	2.84	2.80	−1.325
47	nonan-1-ol	7.146 8	9	3.57	3.47	−2.865
48	nonan-2-ol	7.309 9	9	3.36	3.34	−0.673
49	nonan-3-ol	7.309 9	9	3.36	3.34	−0.673
50	nonan-4-ol	7.309 9	9	3.36	3.34	−0.673
51	nonan-5-ol	7.309 9	9	3.36	3.34	−0.673
52	2，6-dimethylheptan-4-ol	7.636 2	9	3.13	3.08	−1.704
53	decan-1-ol	7.853 9	10	4.01	4.00	−0.181
54	undecan-2-ol	8.724 2	11	4.42	4.41	−0.286
55	dodecan-1-ol	9.268 1	12	5.06	5.07	0.253
56	tetradecan-1-ol	10.682 3	14	6.11	6.14	0.538
57	pentadecan-1-ol	11.389 4	15	6.64	6.68	0.570
58	hexadecan-1-ol	12.096 5	16	7.17	7.21	0.598
59	octadecan-1-ol	13.510 7	18	8.22	8.28	0.766

对上述脂肪醇类化合物的 P_2 指数进行计算，结果表明：脂肪醇类化合物具有高的选择性，可以有效区分脂肪醇类同系物。将计算值与实验值进行对比可以发现，实验值与计算值吻合良好。经过计算，得到

$$总的平均相对误差=\frac{1}{59}\sum|相对误差|=1.193\,01\%$$

为直观起见，用散点图来表示脂肪醇的分配系数实验值与计算值的相关程度，如图 2-40 所示。

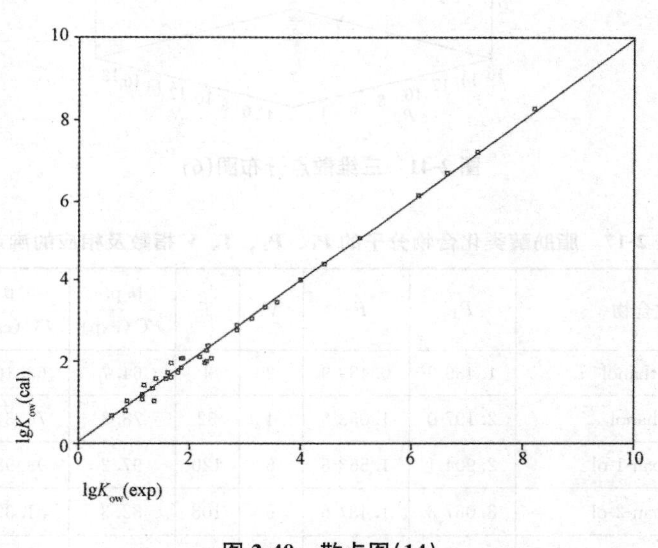

图 2-40　散点图(14)

由图 2-40 可以看出，脂肪醇类化合物的 P_2 指数与脂肪醇的分配系数的关联程度很小，它们之间的线性关系很明显。

将脂肪醇的分配系数与 N、P_2 建立回归方程：

$$\lg K_{ow}=-0.722+1.100N-0.799P_2 \tag{2-27}$$

$$R=0.996,\ S=0.148\,50,\ F=3\,200.702,\ n=59$$

式中，R 为相关系数，S 为估计标准偏差，F 为 Fisher 检验值，n 为样本数。

利用 SPSS 软件处理得到三维散点分布图，如图 2-41 所示。

综上所述，P_2 是一种选择性、相关性较好的新的分子连接性指数，计算简单，应用方便，物理意义明确，故可用于有机物其他理化性质的预测。

2.4.10　脂肪醇沸点的分子拓扑指数研究

应用上述方法，计算脂肪醇类化合物分子的 P_1、P_2、T、V 指数及相应的沸点[40,41]，并将它们列于表 2-17 中。

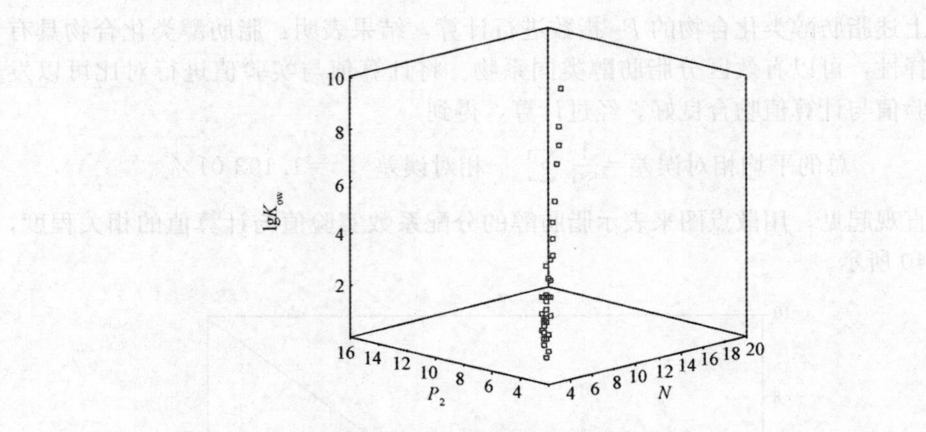

图 2-41　三维散点分布图(6)

表 2-17　脂肪醇类化合物分子的 P_1、P_2、T、V 指数及相应的沸点

序号	化合物	P_1	P_2	V	T	b. p. /℃(exp)	b. p. /℃(cal)	相对误差/%
1	methanol	1.489 9	0.489 9	2	4	64.7	63.165	−2.373
2	ethanol	2.197 0	1.053 5	4	32	78.3	76.340	−2.504
3	propan-1-ol	2.904 1	1.553 5	6	120	97.2	93.982	−3.311
4	propan-2-ol	3.067 3	1.437 6	6	108	82.3	81.398	−1.095
5	propan-1-ol	3.611 2	2.053 5	8	320	117.7	113.313	−3.727
6	propan-2-ol	3.774 4	1.975 6	8	288	99.6	100.189	0.592
7	2-methylpropan-1-ol	3.774 4	1.909 3	8	288	107.9	101.957	−5.508
8	2-methylpropan-2-ol	3.989 9	1.745 0	8	256	82.4	85.663	3.960
9	pentan-1-ol	4.318 3	2.553 5	10	700	137.8	133.574	−3.067
10	pentan-2-ol	4.481 5	2.475 6	10	640	119.0	121.444	2.053
11	pentan-3-ol	4.481 5	2.513 6	10	620	115.3	119.816	3.916
12	2-methylbutan-1-ol	4.481 5	2.447 4	10	620	128.7	121.407	−5.667
13	3-methylbutan-1-ol	4.481 5	2.409 3	10	640	131.2	123.023	−6.232
14	2-methylbutan-2-ol	4.697 0	2.305 7	10	560	102.0	105.613	3.543
15	3-methylbutan-2-ol	4.644 6	2.348 3	10	580	111.5	109.596	−1.708
16	2，2-dimethylpropan-1-ol	4.697 0	2.200 0	10	560	113.1	108.347	−4.202
17	hexan-1-ol	5.025 4	3.053 5	12	1 344	157.0	154.040	−1.885
18	hexan-2-ol	5.188 6	2.975 6	12	1 248	139.9	143.129	2.308

续表

序号	化合物	P_1	P_2	V	T	b. p. /℃(exp)	b. p. /℃(cal)	相对误差/%
19	hexan-3-ol	5.188 6	3.013 6	12	1 200	135.4	141.242	4.315
20	2-methylpentan-1-ol	5.188 6	2.947 4	12	1 200	148.0	142.640	−3.619
21	3-methylpentan-1-ol	5.188 6	2.947 4	12	1 200	152.4	142.644	−6.401
22	4-methylpentan-1-ol	5.188 6	2.909 3	12	1 248	151.8	144.516	−4.798
23	2-methylpentan-2-ol	5.404 1	3.512 7	12	1 104	121.4	111.372	−8.260
24	3-methylpentan-2-ol	5.351 7	2.886 1	12	1 104	134.2	130.374	−2.851
25	4-methylpentan-2-ol	5.351 7	2.831 5	12	1 152	131.7	132.810	0.843
26	2-methylpentan-3-ol	5.351 7	2.886 2	12	1 104	126.5	130.372	3.061
27	3-methylpentan-3-ol	5.404 1	2.866 3	12	1 056	122.4	125.755	2.741
28	2-ethylbutan-1-ol	5.188 6	2.985 3	12	1 152	146.5	140.732	−3.937
29	2，2-dimethylbutan-1-ol	5.404 1	2.760 6	12	1 056	136.8	128.206	−6.282
30	2，3-dimethylbutan-1-ol	5.351 7	2.820 0	12	1 104	149.0	131.870	−11.496
31	3，3-dimethylbutan-1-ol	5.404 1	2.700 0	12	1 104	143.0	130.835	−8.507
32	2，3-dimethylbutan-2-ol	5.567 3	2.688 4	12	1 008	118.6	116.302	−1.937
33	3，3-dimethylbutan-2-ol	5.567 3	2.649 0	12	1 008	120.0	117.270	−2.275
34	heptan-1-ol	5.732 5	3.553 5	14	2 352	176.3	174.064	−1.268
35	octan-1-ol	6.439 6	4.053 5	16	3 840	195.2	193.101	−1.075
36	nonan-1-ol	7.146 8	4.553 5	18	5 940	213.1	210.727	−1.114
37	decan-1-ol	7.853 9	5.053 5	20	8 400	230.2	225.059	−2.233

对上述脂肪醇类化合物分子的 P_1、P_2、T、V 指数进行计算，结果表明：具有高的选择性，可以有效区分脂肪醇类同系物。将计算值与实验值进行对比可以发现，实验值与计算值吻合良好。经过计算，得到

$$\text{总的平均相对误差}=\frac{1}{37}\sum|\text{相对误差}|=-2.162\ 20\%$$

为直观起见，用散点图来表示脂肪醇的沸点实验值与计算值的相关程度，如图 2-42 所示。

由图 2-42 可以看出，脂肪醇类化合物分子的拓扑指数 P_1、P_2、T、V 与脂肪醇沸点的关联程度很小，它们之间的线性关系很明显。

将脂肪醇的沸点与 P_1、P_2、T、V 建立回归方程：

$$\ln[300-\text{b. p.}(℃)]=5.186-0.010\ 0T^{1/2}+0.424P_1+0.134P_2-0.198V \tag{2-28}$$

$$R=0.992，S=0.032\ 058\ 1，F=505.078，n=37$$

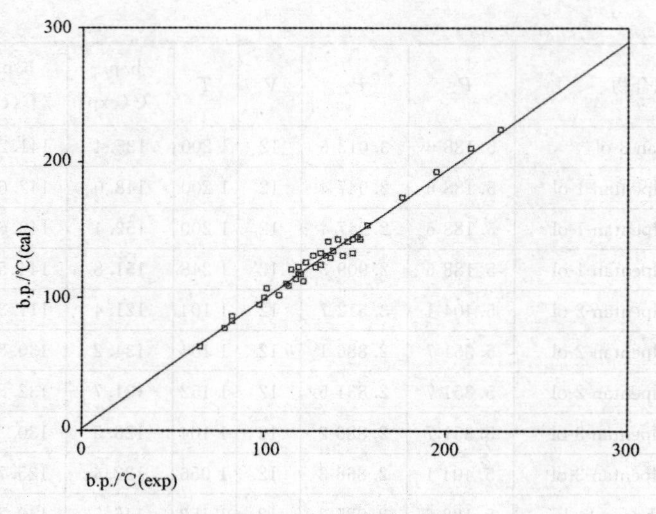

图 2-42 散点图(15)

式中，R 为相关系数，S 为估计标准偏差，F 为 Fisher 检验值，n 为样本数。

本书提出的拓扑指数，由于包含了官能团的位置结构信息，能很好地区分这类化合物的异构体，无简并现象，表 2-17 中的 37 种脂肪醇类化合物分子都具有唯一的指数值，这说明其具有良好的结构选择性。

2.4.11 脂肪醛酮沸点的分子拓扑指数研究

应用上述方法，计算脂肪醛酮类化合物分子的 P_2 指数及相应的沸点[42-44]，并将它们列于表 2-18 中。

表 2-18 脂肪醛酮类化合物分子的 P_2 指数及相应的沸点

序号	化合物	N	P_2	b. p. /K(exp)	b. p. /K(cal)	相对误差/%
1	formal dehyde	1	0. 3111	253. 7	270. 368 8	6. 570
2	acetaldehyde	2	0. 831 4	293. 6	294. 414 0	0. 277
3	propionaldehyde	3	1. 369 3	321. 1	322. 259 9	0. 361
4	propan-2-one	3	1. 220 0	329. 4	313. 572 5	−4. 805
5	butyraldehyde	4	1. 869 3	348. 0	348. 325 1	0. 093
6	isobutyraldehyde	4	1. 742 0	337. 3	341. 359 9	1. 204
7	butan-2-one	4	1. 780 7	352. 8	343. 489 5	−2. 639
8	pentanal	5	2. 369 3	376. 2	374. 017 1	−0. 580
9	2-methylbutanal	5	2. 280 0	365. 0	369. 440 7	1. 217
10	3-methylbutanal	5	2. 225 2	365. 8	366. 606 1	0. 220

续表

序号	化合物	N	P_2	b. p. /K(exp)	b. p. /K(cal)	相对误差/%
11	pivalaldehyde	5	2.042 7	347.0	357.020 4	2.888
12	pentan-2-one	5	2.310 7	375.5	371.019 9	−1.193
13	pentan-3-one	5	2.341 3	375.1	372.587 8	−0.670
14	3-methylbutan-2-one	5	2.163 4	367.4	363.385 3	−1.093
15	hexanal	6	2.869 3	401.5	398.903 5	−0.647
16	2-methylpentanal	6	2.780 0	390.2	394.615 4	1.132
17	3-methylpentanal	6	2.763 2	395.2	393.803 2	−0.353
18	4-methylpentanal	6	2.725 2	395.2	391.959 4	−0.820
19	2，2-dimemethylbutanal	6	2.603 4	377.2	385.988 5	2.330
20	2，3-dimemethylbutanal	6	2.652 7	386.2	388.416 6	0.574
21	3，3-dimemethylbutanal	6	2.515 8	380.2	381.635 8	0.378
22	2-ethylbutanal	6	2.818 0	390.0	396.446 2	1.653
23	hexan-2-one	6	2.780 7	400.9	394.649 2	−1.559
24	hexan-3-one	6	2.841 3	396.7	397.564 3	0.218
25	3-methylpentan-2-one	6	2.701 4	390.6	390.800 1	0.051
26	4-methylpentan-2-one	6	2.470 0	389.6	379.340 4	−2.633
27	2-methylpentan-3-one	6	2.724 1	386.6	391.905 9	1.372
28	3，3-dimethylbutan-2-one	6	2.460 0	379.5	378.837 4	−0.175
29	heptanal	7	3.369 3	426.0	422.762 9	−0.760
30	3-methylhexanal	7	3.263 2	415.7	417.991 5	0.551
31	heptan-2-one	7	3.280 7	424.1	418.783 0	−1.254
32	heptan-3-one	7	3.341 3	420.6	421.510 1	0.216
33	heptan-4-one	7	3.331 3	417.2	421.061 5	0.926
34	3-methylhexan-2-one	7	3.201 4	413.0	415.182 0	0.528
35	4-methylhexan-2-one	7	3.174 6	412.0	413.956 6	0.475
36	5-methylhexan-2-one	7	3.136 5	418.0	412.207 3	−1.386
37	2-methylhexan-3-one	7	3.224 1	406.0	416.216 5	2.516
38	4-methylhexan-3-one	7	3.262 1	409.0	417.941 6	2.186
39	5-methylhexan-3-one	7	3.197 1	409.0	414.985 6	1.463
40	3，3-dimethylpentan-2-one	7	3.030 7	403.8	407.304 4	0.868
41	3，4-dimethylpentan-2-one	7	3.074 1	405.0	409.323 7	1.068
42	4，4-dimethylpentan-2-one	7	2.927 1	398.0	402.438 1	1.115
43	3-ethylpentan-2-one	7	2.950 7	411.0	403.552 3	−1.812

续表

序号	化合物	N	P_2	b. p. /K(exp)	b. p. /K(cal)	相对误差/%
44	2，2-dimethylpentan-3-one	7	3.030 7	398.0	407.304 4	2.338
45	2，4-dimethylpentan-3-one	7	3.106 8	397.6	410.837 7	3.329
46	octanal	8	3.869 3	447.0	445.484 5	−0.339
47	2-ethylhexanal	8	3.818 0	436.0	443.336 4	1.683
48	octan-2-one	8	3.780 7	445.8	441.765 7	−0.905
49	nonanal	9	4.369 3	463.7	467.020 1	0.716
50	3-methylheptan-2-one	8	3.701 4	440.2	438.401 0	−0.409
51	6-methylheptan-2-one	8	3.636 5	440.2	435.621 5	−1.040
52	2-methylheptan-3-one	8	3.724 1	431.2	439.367 6	1.894
53	6-methylheptan-3-one	8	3.697 1	436.2	438.217 5	0.463
54	3-methylheptan-4-one	8	3.697 0	428.2	438.213 3	2.338
55	3-ethyl-4-methylpentan-2-one	8	3.612 0	427.7	434.566 2	1.605
56	nonan-2-one	9	4.280 7	467.5	463.548 9	−0.845
57	nonan-5-one	9	4.341 3	461.6	465.927 4	0.937
58	3，6-dimethylheptan-2-one	9	3.768 7	441.0	442.693 3	0.384
59	decanal	10	4.869 3	481.7	487.360 6	1.175
60	decan-2-one	10	4.780 7	483.7	484.123 2	0.087
61	decan-3-one	10	4.841 3	476.2	486.341 5	2.130
62	decan-4-one	10	4.741 3	479.7	482.671 6	0.619
63	dodecanal	12	5.869 3	522.2	524.529 8	0.446
64	dodecan-2-one	12	5.780 7	522.2	521.719 6	−0.092
65	tetradecanal	14	6.869 3	554.2	557.261 7	0.552
66	tetradecan-2-one	14	6.780 7	554.2	554.827 8	0.113
67	palmitaldehyde	16	7.869 3	583.2	585.931 5	0.468
68	hexadecan-2-one	16	7.780 7	583.2	583.827 2	0.108
69	stearaldehyde	18	8.869 3	608.2	610.945 4	0.451
70	octadecan-2-one	18	8.780 7	608.2	609.128 6	0.153
71	icosanal	20	9.869 3	631.2	632.704 6	0.238
72	icosan-2-one	20	9.780 7	631.2	631.137 9	−0.010

对上述脂肪醛酮类化合物分子的拓扑指数 P_2 进行计算，结果表明：具有高的选择性，可以有效区分脂肪醛酮类同系物及同分异构体。将计算值与实验值进行对比可以发现，实验值与计算值吻合良好。经过计算，得到

$$总的平均相对误差=\frac{1}{72}\sum \mid 相对误差 \mid =0.398\ 09\%$$

为直观起见，用散点图来表示脂肪醛酮沸点的实验值与计算值的相关程度，如图 2-43 所示。

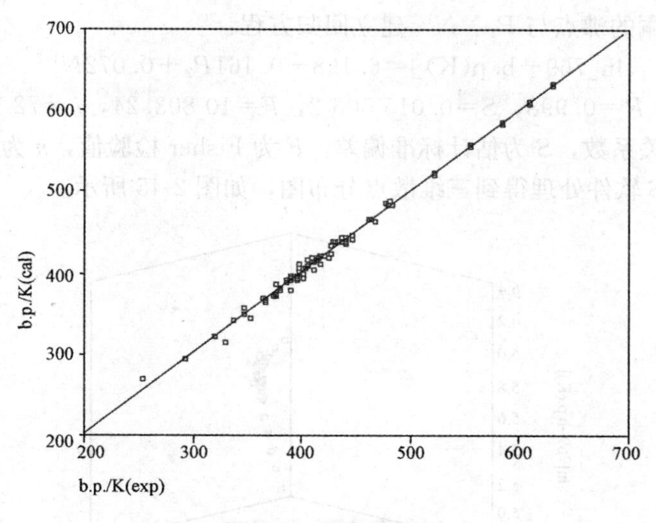

图 2-43　散点图(16)

由图 2-43 可以看出，脂肪醛酮类化合物分子的拓扑指数 P_2 与脂肪醛酮沸点的关联程度很大，它们之间的线性关系非常明显。

将脂肪醛酮的沸点与 P_2 建立回归方程：

$$\ln[769-\text{b. p. (K)}]=6.310-0.138P_2 \tag{2-29}$$

$$R=0.998，S=0.018\,137\,8，F=15\,771.92，n=72$$

式中，R 为相关系数，S 为估计标准偏差，F 为 Fisher 检验值，n 为样本数。

利用 SPSS 软件处理得到正态概率分布图，如图 2-44 所示。

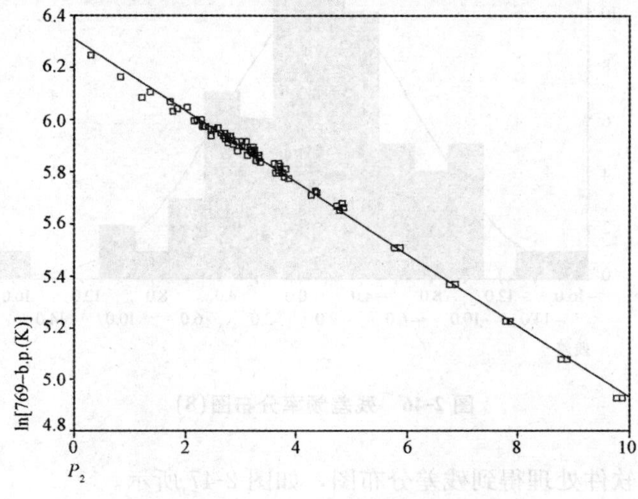

图 2-44　正态概率分布图(9)

将脂肪醛酮的沸点与 P_1、$N^{1/2}$ 建立回归方程：

$$\ln[769-\text{b. p}(\text{K})]=6.198-0.161P_2+0.072N^{1/2} \tag{2-30}$$

$$R=0.998,\ S=0.0155062,\ F=10803.24,\ n=72$$

式中，R 为相关系数，S 为估计标准偏差，F 为 Fisher 检验值，n 为样本数。

利用 SPSS 软件处理得到三维散点分布图，如图 2-45 所示。

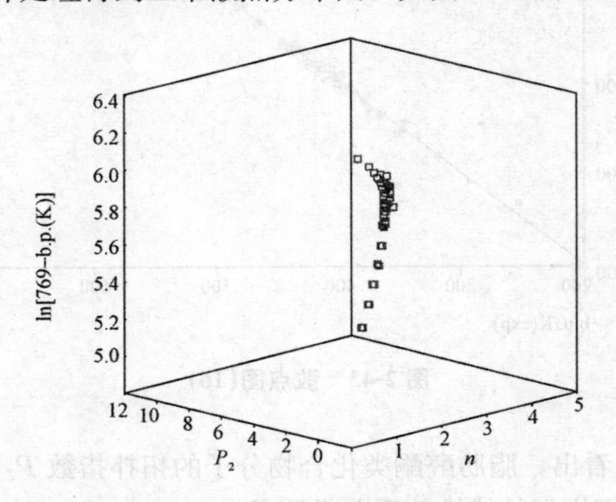

图 2-45　三维散点分布图(7)

利用 SPSS 软件处理得到残差频率分布图，如图 2-46 所示。

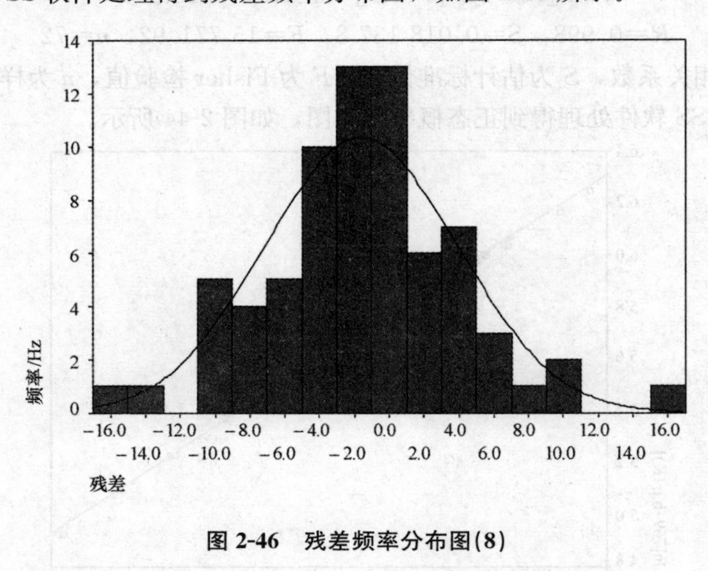

图 2-46　残差频率分布图(8)

利用 SPSS 软件处理得到残差分布图，如图 2-47 所示。

将脂肪醛酮的沸点与 P_2、N、$N^{1/2}$ 建立回归方程：

$$\ln[769-\text{b. p. }(\text{K})]=6.181-0.129P_2-0.020N+0.091N^{1/2} \tag{2-31}$$

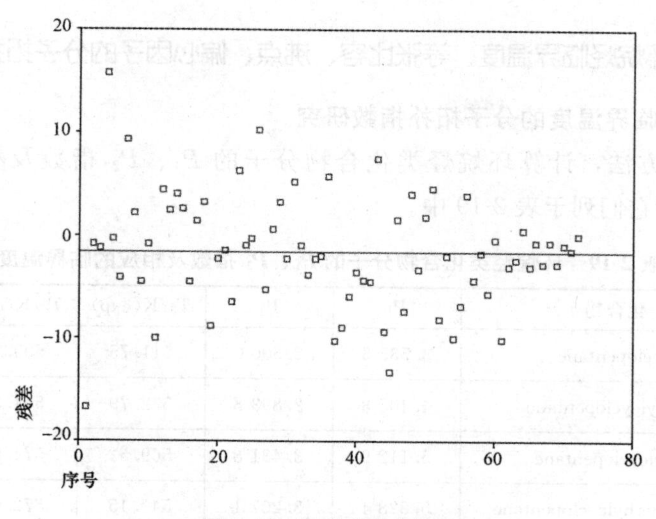

图 2-47　残差分布图(7)

$$R=0.999，S=0.0150411，F=7656.201，n=72$$

式中，R 为相关系数，S 为估计标准偏差，F 为 Fisher 检验值，n 为样本数。

Mihalic 等人认为，一个好的定量结构—性质(QSPR)模型必须满足 $R>0.99$，本书建立的方程符合要求。

P_2 具有明确的物理意义，并揭示了脂肪醛酮沸点的变化规律：影响脂肪醛酮沸点的主要因素有分子间的取向力、诱导力、色散力。色散力与分子大小正相关，即 N 越大，相应的沸点越高；醛酮中的羰基是导致其分子间取向力、诱导力的主要原因，随着 N 增大，羰基所占的比例减小，即由羰基所产生的取向力、诱导力在整个分子中所占的比例递减，因此醛酮的沸点随着 N 增大而增大，也由于以上因素，使其递增速度逐渐减小。另外，醛酮分子的支化度与沸点负相关，这是因为分子支化度越大，分子间的排列越不紧密，色散力越小，相应的沸点越低。以上这些因素及其递变规律均已蕴含在 P_2 之中。P_2 对脂肪醛酮呈现良好的结构选择性，对 72 种醛酮达到唯一性表征，且计算简单，应用方便，无须其他的化学数据，避免了由于某些数据的缺乏而影响估算与预测，便于使用。

综上所述，拓扑指数 P_2 较全面客观地反映了醛酮分子结构信息，而且具有明确的物理意义。

P_2 物理意义明确，使结构与性质显著相关，用 P_2 表示 b. p. (K)，具有计算简便的特点，且无简并现象，实现了对分子结构的唯一表征。Razinger 提出选择性系数 $C_{(s)}=N_{(val)}/N_{(str)}$，其中 $N_{(val)}$ 为拓扑指数可区分的异构体数，$N_{(str)}$ 为同碳异构体数。本书中 $C_{(s)}=1$，没有简并现象。

此方法将拓扑指数 P_2 与脂肪醛酮的沸点建立数学模型，并具有良好的性质相关性。

2.4.12 环烷烃临界温度、等张比容、沸点、偏心因子的分子拓扑指数研究

1. 环烷烃临界温度的分子拓扑指数研究

应用上述方法，计算环烷烃类化合物分子的 P_1、P_2 指数及相应的临界温度[45-47]，并将它们列于表 2-19 中。

表 2-19 环烷烃类化合物分子的 P_1、P_2 指数及相应的临界温度

序号	化合物	P_1	P_2	T_c/K(exp)	T_c/K(cal)	相对误差/%
1	cyclopentane	3.535 5	2.500 0	511.75	509.71	−0.399
2	methylcyclopentane	4.405 8	2.893 8	532.79	544.20	2.142
3	ethylcyclopentane	5.112 9	3.431 8	569.52	574.92	0.948
4	1，1-dimethylcyclopentane	5.328 4	3.207 1	547.15	572.36	4.607
5	propylcyclopentane	5.820 0	3.931 7	603.15	600.93	−0.367
6	butylcyclopentane	6.527 1	4.431 7	631.15	624.26	−1.092
7	pentylcyclopentane	7.234 2	4.931 8	—	645.42	—
8	hexylcyclopentane	7.941 3	5.431 8	660.15	664.82	0.707
9	heptylcyclopentane	8.648 4	5.931 8	678.95	682.73	0.557
10	octylcyclopentane	9.355 4	6.431 8	694.45	699.39	0.711
11	nonylcyclopentane	10.062 4	6.931 8	710.55	714.96	0.621
12	decylcyclopentane	10.769 4	7.431 8	723.75	729.59	0.807
13	undecylcyclopentane	11.476 4	7.931 8	738.35	743.40	0.684
14	dedcylcyclopentane	12.183 4	8.431 8	749.85	756.47	0.882
15	tridecylcyclopentane	12.890 4	8.931 8	761.35	768.88	0.989
16	tetradecylcyclopentane	13.597 4	9.431 8	772.35	780.71	1.082
17	pentadecylcyclopentane	14.304 4	9.931 8	780.35	792.01	1.494
18	cyclohexane	4.242 6	3.000 0	553.55	544.04	−1.718
19	methylcyclohexane	5.112 9	3.393 8	572.19	573.84	0.288
20	ethylcyclohexane	5.820 0	3.931 7	609.15	600.93	−1.349
21	1，1-dimethylcyclohexane	6.035 5	3.707 0	591.15	598.71	1.280
22	propylcyclohexane	6.527 0	4.431 7	639.15	624.26	−2.330

续表

序号	化合物	P_1	P_2	T_c/K(exp)	T_c/K(cal)	相对误差/%
23	butylcyclohexane	7.234 0	4.931 7	667.15	645.42	−3.257
24	pentylcyclohexane	7.941 0	5.431 7	667.15	664.81	−0.350
25	hexylcyclohexane	8.648 0	5.931 7	685.15	682.73	−0.354
26	heptylcyclohexane	9.355 0	6.431 7	703.15	699.38	−0.536
27	octylcyclohexane	10.062 0	6.931 7	722.15	714.96	−0.996
28	nonylcyclohexane	10.769 0	7.431 7	736.15	729.59	−0.891
29	decylcyclohexane	11.476 0	7.931 7	750.15	743.39	−0.901
30	undecycyclohexane	12.183 0	8.431 7	764.15	756.46	−1.006
31	dedcycyclohexane	12.890 0	8.931 7	766.15	768.88	0.356
32	tridecylcyclohexane	13.597 0	9.431 7	789.15	780.71	−1.070
33	tetradecycyclohexane	14.304 0	9.931 7	798.15	792.00	−0.770

对上述环烷烃类化合物分子的拓扑指数 P_1、P_2 进行计算的结果表明：具有高的选择性，可以有效区分环烷烃同系物及同分异构体。将计算值与实验值对比可以发现，实验值与计算值吻合良好。经过计算，得到

$$总的平均相对误差=\frac{1}{33}\sum|\ 相对误差\ |\ =0.024\ 03\%$$

为直观起见，用散点图来表示环烷烃的临界温度实验值与计算值的相关程度，如图 2-48 所示。

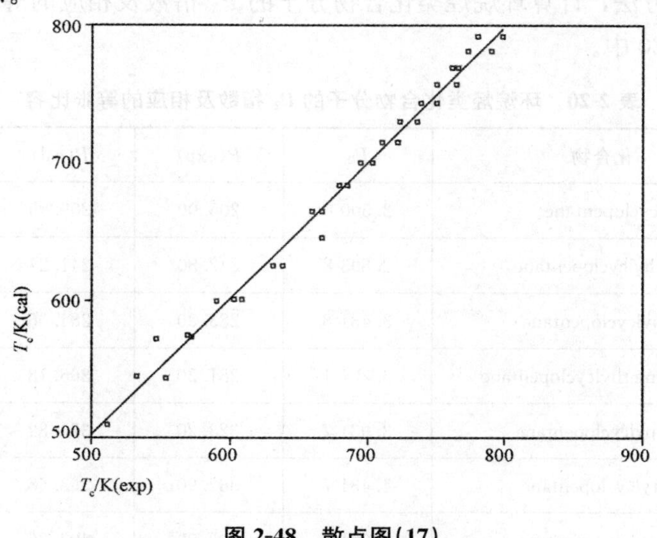

图 2-48　散点图(17)

由图 2-48 可以看出，环烷烃类化合物分子的拓扑指数 P_1、P_2 与环烷烃的临界温度的关联程度很小，但它们之间的线性关系很明显。

将环烷烃的临界温度与 P_1、P_2 建立回归方程：

$$T_c(K) = -979.634 + 1\,299.704(P_1 \times P_2)^{1/16} \tag{2-32}$$

$$R = 0.994,\ S = 9.220\,85,\ F = 2\,536.210,\ n = 33$$

式中，R 为相关系数，S 为估计标准偏差，F 为 Fisher 检验值，n 为样本数。

利用 SPSS 软件处理得到正态概率分布图，如图 2-49 所示。

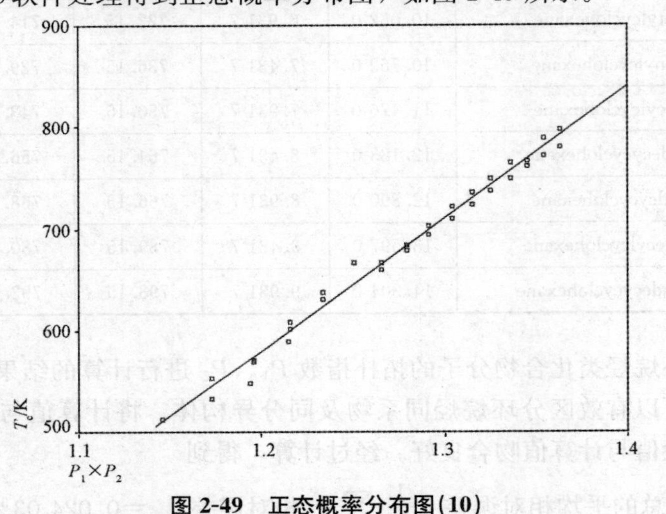

图 2-49 正态概率分布图(10)

2. 环烷烃等张比容的分子拓扑指数研究

应用上述方法，计算环烷烃类化合物分子的 P_2 指数及相应的等张比容，并将它们列于表 2-20 中。

表 2-20 环烷烃类化合物分子的 P_2 指数及相应的等张比容

序号	化合物	P_2	P(exp)	P(cal)	相对误差/%
1	cyclopentane	2.500 0	205.00	209.95	2.412
2	methylcyclopentane	2.893 8	242.80	241.27	−0.632
3	ethylcyclopentane	3.431 8	283.30	284.06	0.267
4	1，1-dimethylcyclopentane	3.207 1	281.20	266.18	−5.340
5	propylcyclopentane	3.931 7	323.20	323.82	0.191
6	butylcyclopentane	4.431 7	362.90	363.58	0.189
7	pentylcyclopentane	4.931 8	403.00	403.36	0.089

续表

序号	化合物	P_2	P(exp)	P(cal)	相对误差/%
8	hexylcyclopentane	5.431 8	443.00	443.13	0.029
9	heptylcyclopentane	5.931 8	483.00	482.90	−0.021
10	octylcyclopentane	6.431 8	523.00	522.66	−0.064
11	nonylcyclopentane	6.931 8	563.00	562.43	−0.101
12	decylcyclopentane	7.431 8	603.00	602.20	−0.133
13	undecylcyclopentane	7.931 8	643.00	641.97	−0.160
14	dedcylcyclopentane	8.431 8	683.00	681.74	−0.185
15	tridecylcyclopentane	8.931 8	723.00	721.50	−0.207
16	tetradecylcyclopentane	9.431 8	763.00	761.27	−0.226
17	pentadecylcyclopentane	9.931 8	803.00	801.04	−0.244
18	cyclohexane	3.000 0	242.10	249.71	3.145
19	methylcyclohexane	3.393 8	280.00	281.03	0.369
20	ethylcyclohexane	3.931 7	320.70	323.82	0.972
21	1，1-dimethylcyclohexane	3.707 0	318.40	305.94	−3.912
22	propylcyclohexane	4.431 7	360.40	363.58	0.884
23	butylcyclohexane	4.931 7	400.30	403.35	0.763
24	pentylcyclohexane	5.431 7	440.80	443.12	0.526
25	hexylcyclohexane	5.931 7	480.80	482.89	0.434
26	heptylcyclohexane	6.431 7	520.80	522.66	0.357
27	octylcyclohexane	6.931 7	560.80	562.42	0.290
28	nonylcyclohexane	7.431 7	600.80	602.19	0.232
29	decylcyclohexane	7.931 7	640.80	641.96	0.181
30	undecycyclohexane	8.431 7	680.80	681.73	0.136
31	dedcycyclohexane	8.931 7	720.80	721.50	0.097
32	tridecylcyclohexane	9.431 7	760.80	761.26	0.061
33	tetradecycyclohexane	9.931 7	800.80	801.03	0.029

对上述环烷烃类化合物分子的拓扑指数 P_2 进行计算的结果表明：具有高的选择性，可以有效区分环烷烃同系物及同分异构体。将计算值与实验值进行对比可以发现，实验值与计算值吻合良好。经过计算，得到

$$总的平均相对误差=\frac{1}{33}\sum|相对误差|=0.012\ 97\%$$

为直观起见，用散点图来表示环烷烃的等张比容实验值与计算值的相关程度，如图 2-50 所示。

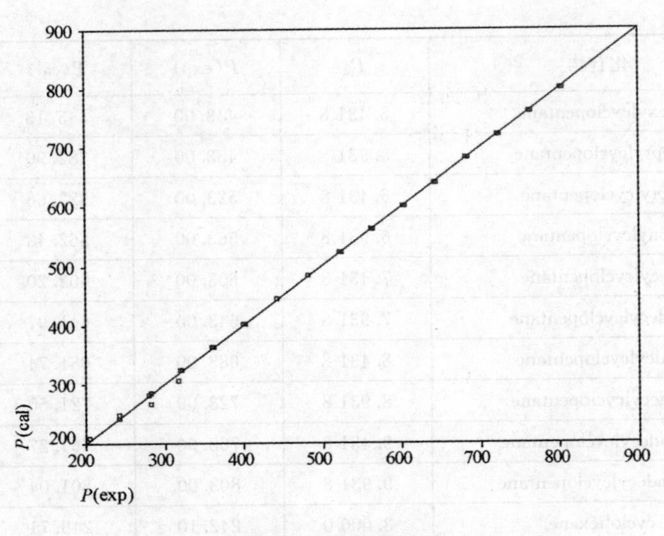

图 2-50 散点图(18)

由图 2-50 可以看出，环烷烃类化合物分子的拓扑指数 P_2 与环烷烃的等张比容的关联程度非常大，它们之间的线性关系非常明显。

将环烷烃的等张比容与 P_2 建立回归方程：

$$P=11.105+79.536P_2 \tag{2-33}$$

$$R=0.9995,\ S=4.13755,\ F=62945.20,\ n=33$$

式中，R 为相关系数，S 为估计标准偏差，F 为 Fisher 检验值，n 为样本数。

利用 SPSS 软件处理得到正态概率分布图，如图 2-51 所示。

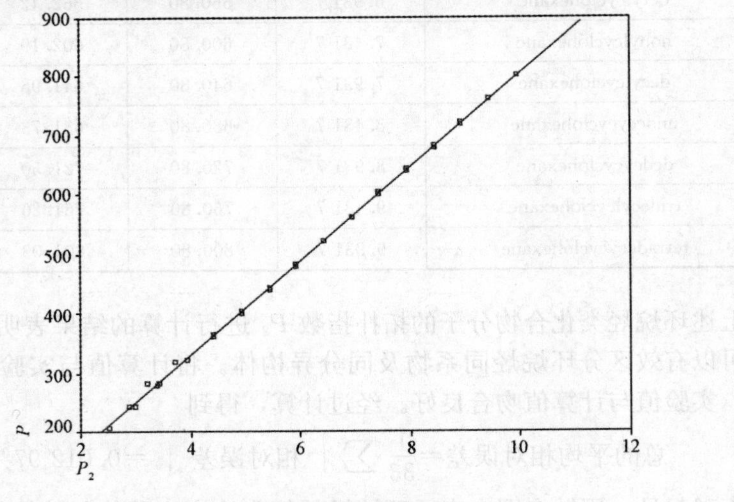

图 2-51 正态概率分布图(11)

3. 环烷烃沸点的分子拓扑指数研究

应用上述方法，计算环烷烃类化合物分子的 P_1、P_2 指数及相应的沸点，并将它们列于表 2-21 中。

表 2-21　环烷烃类化合物分子的 P_1、P_2 指数及相应的沸点

序号	化合物	P_1	P_2	b. p. /K(exp)	b. p. /K(cal)	相对误差/%
1	cyclopentane	3. 535 5	2. 500 0	322. 402	318. 627	−1. 171
2	methylcyclopentane	4. 405 8	2. 893 8	344. 954	344. 988	0. 010
3	ethylcyclopentane	5. 112 9	3. 431 8	376. 617	378. 416	0. 478
4	1，1-dimethylcyclopentane	5. 328 4	3. 207 1	360. 632	361. 564	0. 258
5	propylcyclopentane	5. 820 0	3. 931 7	404. 111	406. 117	0. 496
6	butylcyclopentane	6. 527 1	4. 431 7	429. 770	431. 460	0. 393
7	pentylcyclopentane	7. 234 2	4. 931 8	453. 650	454. 887	0. 273
8	hexylcyclopentane	7. 941 3	5. 431 8	476. 050	476. 708	0. 138
9	heptylcyclopentane	8. 648 4	5. 931 8	497. 050	497. 177	0. 026
10	octylcyclopentane	9. 355 4	6. 431 8	516. 650	516. 486	−0. 032
11	nonylcyclopentane	10. 062 4	6. 931 8	535. 150	534. 785	−0. 068
12	decylcyclopentane	10. 769 4	7. 431 8	552. 530	552. 197	−0. 060
13	undecylcyclopentane	11. 476 4	7. 931 8	568. 950	568. 822	−0. 022
14	tridecylcyclopentane	12. 890 4	8. 931 8	599. 050	600. 036	0. 165
15	tetradecylcyclopentane	13. 597 4	9. 431 8	613. 150	614. 755	0. 262
16	pentadecylcyclopentane	14. 304 4	9. 931 8	626. 150	628. 955	0. 448
17	cyclohexane	4. 2426	3. 000 0	353. 86 9	353. 445	−0. 120
18	methylcyclohexane	5. 112 9	3. 393 8	374. 084	375. 814	0. 462
19	ethylcyclohexane	5. 820 0	3. 931 7	404. 945	406. 116	0. 289
20	1，1-dimethylcyclohexane	6. 035 5	3. 707 0	392. 700	389. 477	−0. 821
21	propylcyclohexane	6. 527 0	4. 431 7	429. 897	431. 460	0. 364
22	butylcyclohexane	7. 234 0	4. 931 7	454. 131	454. 882	0. 165
23	pentylcyclohexane	7. 941 0	5. 431 7	476. 820	476. 706	−0. 024
24	hexylcyclohexane	8. 648 0	5. 931 7	497. 850	497. 177	−0. 135

续表

序号	化合物	P_1	P_2	b. p. /K(exp)	b. p. /K(cal)	相对误差/%
25	heptylcyclohexane	9.355 0	6.431 7	518.050	516.486	−0.302
26	octylcyclohexane	10.062 0	6.931 7	536.750	534.785	−0.366
27	nonylcyclohexane	10.769 0	7.431 7	554.650	552.197	−0.442
28	decylcyclohexane	11.476 0	7.931 7	570.740	568.823	−0.336
29	undecycyclohexane	12.183 0	8.431 7	586.350	584.746	−0.274
30	dedcycyclohexane	12.890 0	8.931 7	601.050	600.038	−0.168
31	tridecylcyclohexane	13.597 0	9.431 7	615.050	614.757	−0.048
32	tetradecycyclohexane	14.304 0	9.931 7	628.150	628.979	0.132

对上述环烷烃类化合物分子的拓扑指数 P_1、P_2 进行计算的结果表明：具有高的选择性，可以有效区分环烷烃同系物及同分异构体。将计算值与实验值进行对比可以发现，实验值与计算值吻合良好。经过计算，得到

$$总的平均相对误差=\frac{1}{32}\sum|\ 相对误差\ |\ =-0.000\ 93\%$$

为直观起见，用散点图来表示环烷烃沸点的实验值与计算值的相关程度，如图 2-52 所示。

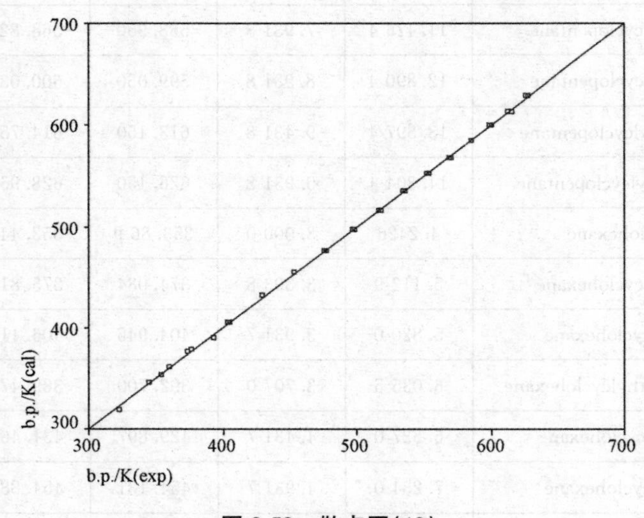

图 2-52　散点图(19)

由图 2-52 可以看出，环烷烃类化合物分子的拓扑指数 P_1、P_2 与环烷烃的沸点

的关联程度非常大，它们之间的线性关系非常明显。

将环烷烃的沸点与 P_1、P_2 建立回归方程：

$$\text{b. p. (K)} = -460.543 + 585.624(P_1 \times P_2)^{1/8} \tag{2-34}$$

$$R=0.999,\ S=4.574\,696,\ F=13\,042.88,\ n=32$$

利用 SPSS 软件处理得到正态概率分布图，如图 2-53 所示。

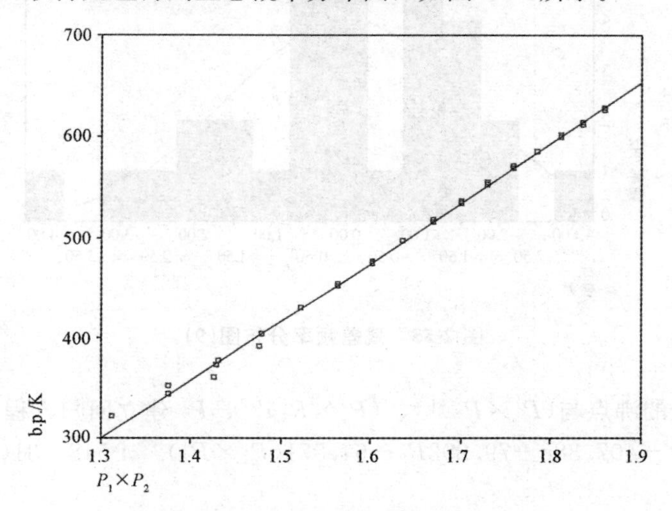

图 2-53　正态概率分布图(12)

将环烷烃的沸点与 $(P_1 \times P_2)^{1/8}$、P_2 建立回归方程：

$$\text{b. p. (K)} = -346.201 + 6.694P_2 + 490.159(P_1 \times P_2)^{1/8} \tag{2-35}$$

$$R=0.999\,1,\ S=4.119\,797,\ F=8\,045.115,\ n=32$$

利用 SPSS 软件处理得到三维散点分布图，如图 2-54 所示。

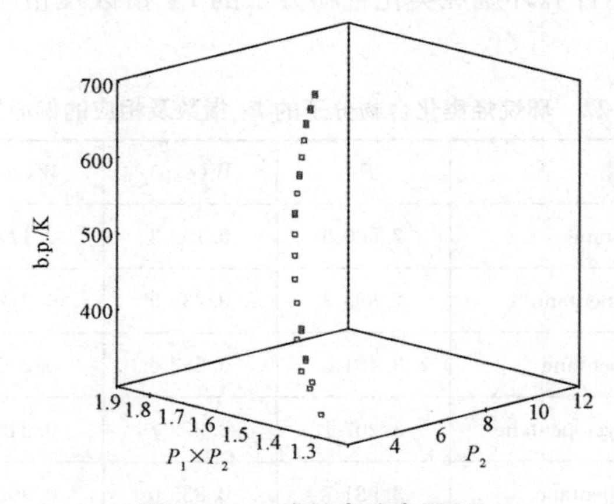

图 2-54　三维散点分布图(8)

利用 SPSS 软件处理得到残差频率分布图，如图 2-55 所示。

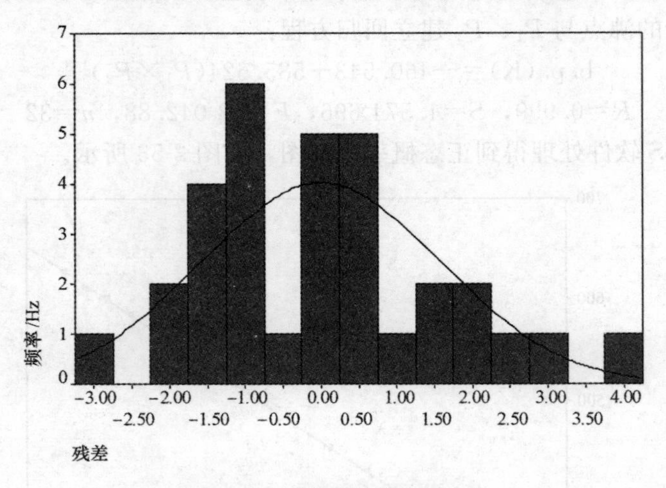

图 2-55 残差频率分布图(9)

将环烷烃的沸点与$(P_1 \times P_2)^{1/8}$、$(P_1 \times P_2)^{1/2}$、P_2 建立回归方程：

$$\text{b. p. (K)} = -407.386 + 79.292P_2 - 64.571(P_1 \times P_2)^{1/2} + 548.131(P_1 \times P_2)^{1/8} \tag{2-36}$$

$$R = 0.9999,\ S = 1.665712,\ F = 32858.79,\ n = 32$$

式中，R 为相关系数，S 为估计标准偏差，F 为 Fisher 检验值，n 为样本数。

Mihalic 等人认为，一个好的定量结构—性质(QSPR)模型必须满足 $R>0.99$，本书建立的方程符合要求。

4. 环烷烃偏心因子的分子拓扑指数研究

应用上述方法，计算环烷烃类化合物分子的 P_2 指数及相应的偏心因子，并将它们列于表 2-22 中。

表 2-22 环烷烃类化合物分子的 P_2 指数及相应的偏心因子

序号	化合物	P_2	W(exp)	W(cal)	相对误差/%
1	cyclopentane	2.500 0	0.192 3	0.177 0	−7.956
2	methylcyclopentane	2.893 8	0.239 5	0.212 4	−11.298
3	ethylcyclopentane	3.431 8	0.282 6	0.260 9	−7.692
4	1，1-dimethylcyclopentane	3.207 1	0.272 7	0.240 6	−11.757
5	propylcyclopentane	3.931 7	0.335 0	0.305 9	−8.701
6	pentylcyclopentane	4.931 8	0.427 7	0.395 9	−7.444

续表

序号	化合物	P_2	W(exp)	W(cal)	相对误差/%
7	hexylcyclopentane	5.431 8	0.476 4	0.440 9	−7.460
8	heptylcyclopentane	5.931 8	0.514 6	0.485 9	−5.585
9	octylcyclopentane	6.431 8	0.563 9	0.530 9	−5.859
10	nonylcyclopentane	6.931 8	0.610 1	0.575 9	−5.612
11	decylcyclopentane	7.431 8	0.653 8	0.620 9	−5.038
12	undecylcyclopentane	7.931 8	0.674 0	0.665 9	−1.207
13	tridecylcyclopentane	8.931 8	0.719 3	0.710 9	−1.173
14	tetradecylcyclopentane	9.431 8	0.754 6	0.755 9	0.167
15	pentadecylcyclopentane	9.931 8	0.789 3	0.800 9	1.465
16	cyclohexane	3.000 0	0.833 3	0.845 9	1.508
17	methylcyclohexane	3.393 8	0.214 4	0.222 0	3.545
18	ethylcyclohexane	3.931 7	0.233 3	0.257 4	10.348
19	1，1-dimethylcyclohexane	3.707 0	0.242 6	0.305 9	26.073
20	propylcyclohexane	4.431 7	0.237 6	0.285 6	20.215
21	butylcyclohexane	4.931 7	0.257 7	0.350 9	36.148
22	pentylcyclohexane	5.431 7	0.361 8	0.395 9	9.412
23	undecycyclohexane	8.431 7	0.582 5	0.665 9	14.310

对上述环烷烃类化合物分子的拓扑指数 P_2 进行计算的结果表明：具有高的选择性，可以有效区分环烷烃同系物及同分异构体。将计算值与实验值进行对比可以发现，实验值与计算值吻合良好。经过计算，得到

$$\text{总的平均相对误差}=\frac{1}{23}\sum|\text{相对误差}|=1.582\ 98\%$$

将环烷烃的偏心因子与 P_2 建立回归方程：

$$W=-0.048+0.090P_2 \tag{2-37}$$

$$R=0.983，S=0.040\ 149\ 2，F=598.573，n=23$$

利用 SPSS 软件处理得到正态概率分布图，如图 2-56 所示。

$R=0.983$，满足 $0.95<R<0.99$ 的要求，线性拟合达到良级。

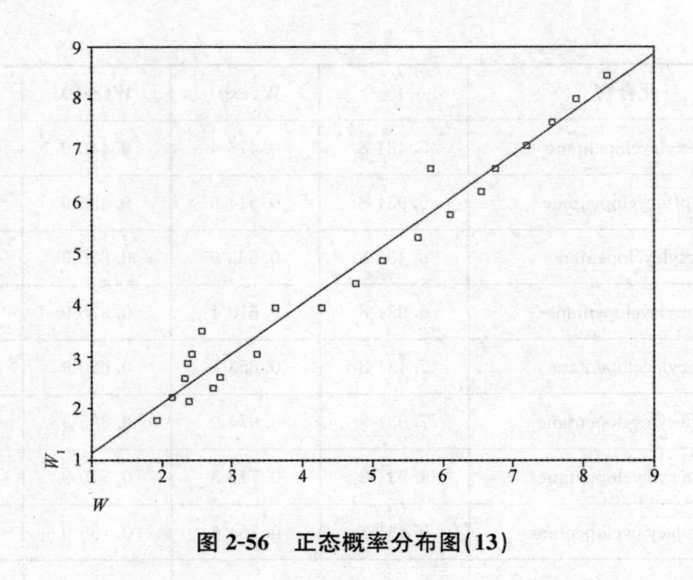

图 2-56　正态概率分布图(13)

2.4.13　饱和脂肪酯物理化学性质的分子拓扑指数研究

1. 饱和脂肪酯水溶解度的分子拓扑指数研究

应用上述方法，计算饱和脂肪酯的 P_2 指数及相应的水溶解度[48-51]，并将它们列于表 2-23 中。

表 2-23　饱和脂肪酯的 P_2 指数及相应的水溶解度

序号	化合物	P_2	N	lg$S$(exp)	lg$S$(cal)	相对误差/%
1	methyl formate	0.948 0	2	—	2.712 9	—
2	ethyl formate	1.526 2	3	—	0.944 3	—
3	propyl formate	2.026 2	4	−1.133 2	−0.549 4	−0.515
4	butyl formate	2.526 2	5	−2.302 5	−1.877 6	−0.185
5	pentyl formate	3.026 2	6	−3.500 0	−3.088 2	−0.118
6	methyl acetate	1.380 0	3	0.924 2	0.974 4	0.054
7	ethyl acetate	1.958 2	4	−0.092 1	−0.535 4	4.813
8	isopropyl acetate	2.348 7	5	−1.244 7	−1.840 0	0.479
9	propyl acetate	2.458 2	5	−1.725 9	−1.863 6	0.080
10	tert-butyl acetate	2.660 0	6	−2.849 0	−3.012 8	0.057
11	butyl acetate	2.958 2	6	−3.153 5	−3.074 2	−0.025
12	tert-pentyl acetate	3.220 7	7	−4.398 1	−4.146 9	−0.057
13	pentyl acetate	3.458 2	7	−4.283 0	−4.195 8	−0.020

续表

序号	化合物	P_2	N	lgS(exp)	lgS(cal)	相对误差/%
14	hexyl acetate	3.958 2	8	−4.720 5	−5.246 9	0.112
15	methyl propionate	1.940 7	4	−0.390 0	−0.531 8	0.364
16	ethyl propionate	2.518 9	5	−1.666 0	−1.876 1	0.126
17	isopropyl propionate	2.909 4	6	−2.970 0	−3.064 2	0.032
18	propyl propionate	3.018 9	6	−3.081 6	−3.086 7	0.002
19	butyl propionate	3.518 9	7	−4.305 0	−4.208 3	−0.022
20	tert-pentyl propionate	3.781 3	8	−5.088 0	−5.210 5	0.024
21	pentyl propionate	4.018 9	8	−5.181 4	−5.259 4	0.015
22	methyl butyrate	2.440 7	5	−1.944 9	−1.860 0	−0.044
23	ethyl butyrate	3.019 0	6	−2.935 5	−3.086 8	0.052
24	isopropyl butyrate	3.049 4	7	−4.465 4	−4.111 6	−0.079
25	propyl butyrate	3.519 0	7	−4.390 0	−4.208 4	−0.041
26	ethyl heptanoate	4.518 9	9	−6.303 4	−6.252 9	−0.008

经过计算，得到

$$总的平均相对误差=\frac{1}{26}\sum|\ 相对误差\ |=0.212\ 26\%$$

将饱和脂肪酯水溶解度与 P_2 建立回归方程：

$$\lg S=10.248-5.190N^{1/2}-0.206P_2$$

$$R=0.987，S=0.303\ 925\ 3，F=394.886，n=24$$

$R=0.987$，满足 $0.95<R<0.99$ 的要求，线性拟合达到良级。

2. 饱和脂肪酯分配系数的分子拓扑指数研究

应用上述方法，计算饱和脂肪酯的 P_2 指数及相应的分配系数[49,52−59]，并将它们列于表 2-24 中。

表 2-24　饱和脂肪酯的 P_2 指数及相应的分配系数

序号	化合物	P_2	N	lgP(exp)	lgP(cal)	相对误差/%
1	methyl formate	0.948 0	2	0.23	0.18	−20.453
2	ethyl formate	1.526 2	3	0.23	0.35	53.508
3	propyl formate	2.026 2	4	0.73	0.73	−0.296
4	butyl formate	2.526 2	5	—	1.20	—
5	pentyl formate	3.026 2	6	—	1.74	—
6	methyl acetate	1.380 0	3	—	0.38	—
7	ethyl acetate	1.958 2	4	0.73	0.71	−2.244

续表

序号	化合物	P_2	N	$\lg P$(exp)	$\lg P$(cal)	相对误差/%
8	isopropyl acetate	2.348 7	5	1.03	1.12	9.177
9	propyl acetate	2.458 2	5	1.23	1.17	−4.970
10	tert-butyl acetate	2.660 0	6	1.53	1.53	0.121
11	butyl acetate	2.958 2	6	1.73	1.70	−1.907
12	tert-pentyl acetate	3.220 7	7	—	2.11	—
13	pentyl acetate	3.458 2	7	2.23	2.28	2.244
14	hexyl acetate	3.958 2	8	—	2.91	—
15	methyl propionate	1.940 7	4	0.73	0.71	−2.689
16	ethyl propionate	2.518 9	5	1.23	1.20	−2.802
17	isopropyl propionate	2.909 4	6	—	1.67	—
18	propyl propionate	3.018 9	6	—	1.73	—
19	butyl propionate	3.518 9	7	—	2.33	—
20	tert-pentyl propionate	3.781 3	8	—	2.76	—
21	pentyl propionate	4.018 9	8	—	2.96	—
22	methyl butyrate	2.440 7	5	1.23	1.16	−5.574
23	ethyl butyrate	3.019 0	6	1.73	1.73	0.239
24	isopropyl butyrate	3.049 4	7	—	2.00	—
25	propyl butyrate	3.519 0	7	—	2.33	—
26	ethyl heptanoate	4.518 9	9	—	3.62	—

经过计算，得到

$$\text{总的平均相对误差}=\frac{1}{13}\sum|\ \text{相对误差}\ |=1.873\,29\%$$

将饱和脂肪酯分配系数与 P_2、$P_2{}^{1/2}$ 建立回归方程：

$$\lg P=2.140+1.260N^{1/2}+2.396P_2-6.173P_2{}^{1/2}$$

$$R=0.995,\ S=0.303\,925\,3,\ F=312.747,\ n=13$$

$R=0.995>0.99$，线性拟合达到优级。

2.5 结论

本章从分子的基本结构出发，构建新的分子拓扑指数 T、P，并将其应用于分子的物理化学性质的预测预报与讨论中，其研究对象有400多种化合物，包括饱和链烃类化合物、不饱和链烃类化合物(单烯烃和单炔烃)、环烷烃类化合物、含氧脂肪族化合物(醛、酮、醇、酯)等多种分子，主要研究的物理化学性质如下：化合物的沸点、热力学性质标准生成焓、气态标准熵、气态标准生成自由能、溶解度、分配系数、临界温度、等张比容、偏心因子等。通过回归分析研究得出分子拓扑指数 T、P 与这些化合物多种性质之间存在良好的结构选择性和性质相关性(评价标准属于优级以上)，并且通过每个方程的 F 检验值与 T 检验值可以知道，所得的 QSPR 模型均是一种比较理想的模型，对预测、预报化合物的多种性质发挥着重要作用，且标准偏差也不大。因此可以认为拓扑指数 T、P 是一种比较理想的分子拓扑指数，有机化合物分子中的碳原子个数对许多理化性质有着至关重要的作用[60−67]。

参考文献

Reference

[1] 秦正龙，冯长君．不饱和烃理化性质的分子拓扑研究[J]. 应用基础与工程科学学报，2004，12(1)：13.

[2] 杨林．键参数拓扑指数与镧系元素物性的多元分析[J]. 计算机与应用化学，2002，19(4)：462.

[3] 沐来龙，冯长君．链烷烃标准熵的拓扑研究[J]. 化学物理学报，2003，16(3)：197.

[4] 冯长君，王超，杨伟华．分子树拓扑指数与羧酸化合物 pK_a 值的定量构效关系[J]. 应用化学，2004，21(5)：469.

[5] 姚瑜元，许禄，袁秀利．一种新的拓扑指数用于饱和链烃类化合物的结构/性质相关性研究[J]. 化学学报，1993(51)：463.

[6] 孟繁宗．饱和烷烃沸点与拓扑指数 A_m、X_z 之间的关系研究[J]. 吉林化工学院学报，2004，21(1)：66−69.

[7] 鲁芳．一种新的拓扑指数用于链烃沸点 QSPR/QSAR 的研究[J]. 西南民族大学学报(自然科学版)，2005，31(4)：537−538.

[8] 饶火瑜，朱霞萍，乐长高．链烷烃的热力学性质与分子拓扑指数的关系[J]. 华东地质学院学报，2008，25(3)：245−248.

[9] 堵锡华，蔡可迎，秦正龙．链烷烃连接性指数与热力学性质关系[J]. 深圳大学学报(理工版)，2002，19(1)：84−86.

[10] 李鸣建，冯长君．链烷烃热力学性质的调和拓扑研究[J]. 哈尔滨工业大学学报，2004，36(8)：1069−1070.

[11] 毛明现，余训民．链烷烃物理化学性质的 QSPR 研究[J]. 广西科学院学

报，2003，19(3)：98—103.
[12] 倪才华，冯志云．信息拓扑指数对烷烃理化性质的研究[J]．长江大学学报(自然科学版)，2004，1(1)：75—76.
[13] 张明锦，张世芝．链烷烃标准生成焓的 QSPR 研究[J]．云南民族大学学报(自然科学版)，2004，13(4)：309—311.
[14] 王克强，冯瑞英．应用拓扑方法计算烷烃正常沸点下的蒸发潜热[J]．大庆高等专科学校学报，2002，22(4)：56—58.
[15] 严海英，韩海洪．低沸点烷烃 Kovats 指数的拓扑结构研究[J]．青海师范大学学报(自然科学版)，2004(4)：15—53.
[16] 饶火瑜，乐长高．分子拓扑指数与链烷烃热力学性质的关系[J]．分子科学学报，2003，19(4)：217—219.
[17] 张秀利，汪勇先．分子诱导效应指数与链烷烃的物理化学性质[J]．河北师范大学学报(自然科学版)，2002，26(4)：391—392.
[18] 安红钢，周玉炳．饱和烷烃的标准生成焓与分子的拓扑[J]．甘肃高师学报，2000，5(2)：59—61.
[19] 徐新建，安红钢，吴冬青．饱和烷烃的临界温度与分子的拓扑[J]．河西学院学报，2002(2)：32—36.
[20] 孟繁宗．饱和烷烃理化性质与分子拓扑指数的相关性[J]．大学化学，2002，17(6)：45—48.
[21] 孟繁宗．饱和烷烃偏心因子与拓扑指数的相关性研究[J]．聊城师院学报(自然科学版)，2001，14(4)：38—40.
[22] 王克强，王捷．不饱和链烃的沸点与分子结构之间定量关系的研究[J]．商丘师范学院学报，2002，18(5)：89—91.
[23] 张玉林，高锦明，郭满才．分子连接性指数$^mX^z$与不饱和链烃沸点的定量关系研究[J]．有机化学，2003，23(9)：1039—1048.
[24] 秦正龙，冯长君．不饱和烃理化性质的分子拓扑研究[J]．应用基础与工程科学学报，2004，12(1)：15—17.
[25] 黄正国，徐梅芳，刘贵勤．烯烃的热力学性质的拓扑研究[J]．济宁医学院学报，2002，25(1)：32—33.
[26] 张世芝，吴启勋．烯烃化合物的溶解度和分配系数的分子拓扑研究[J]．大连民族学院学报，2005，7(1)：71—73.
[27] 陈艳，冯长君．原子序数连接性指数与烯烃热力学性质的定量关系研究[J]．徐州师范大学学报(自然科学版)，2004，22(2)：52—54.
[28] 舒元梯．单烯烃物理化学性质的定量探讨[J]．西南民族学院学报(自然科学版)，2000，26(3)：301—303.
[29] 李疏芬，王进．1，3，5-三硝基苯类化合物的撞击感度与分子拓扑指数

[J]. 推进技术，2000，21(5)：70－73.
[30] 王振东，等. Wiener 指数的新定义及其对气相色谱保留指数的相关性研究[J]. 分析化学，2005，11(33)：1668.
[31] 冯长君，王超. 胺、醇、醚类化合物电离能的自相关拓扑研究[J]. 分子科学学报，2002，18(1)：50－56.
[32] 齐玉华，杨嘉安，许禄. 胺类化合物气相色谱保留指数与结构的相关性研究[J]. 分析化学，2000，28(2)：223－227.
[33] 郭伟强，卢奪，郑小明. 饱和醇定量结构-保留相关研究中人工神经网络的应用[J]. 分析化学，2001，29(4)：416－420.
[34] 何池洋，黄存富，孙益民. 饱和醇结构—保留定量相关的人工神经网络模型[J]. 分析测试学报，2003，22(1)：22－24.
[35] 寇建仁，张生万，胡永钢，等. 醇、酯类物质的相对保留时间与分子拓扑指数的关系[J]. 分析化学，2005，33(12)：1810.
[36] 何旭元，陈远道. 醇类异构体气相色谱保留指数的预测[J]. 常德师范学院学报(自然科学版)，2000，12(2)：42－45.
[37] 舒元梯. 分子连接性指数与对饱和一元醇物理化学性质的预测[J]. 达县师范高等专科学校学报，2004，14(2)：34－36.
[38] 吴江，高锦红. 拓扑指数 Gm 与饱和一元醇物理化学性质的相关性研究[J]. 青海师范大学学报(自然科学版)，2005(3)：53－54.
[39] 秦正龙. 脂肪醇的溶解度、分配系数与拓扑指数的相关性[J]. 科技通报，2003，19(5)：422－423.
[40] 秦正龙. 脂肪醇物理化学性质的分子拓扑研究[J]. 有机化学，2002，22(6)：436－439.
[41] 包锦渊，吴启勋. 脂肪醇物理化学性质的拓扑指数法研究[J]. 青海师范大学学报(自然科学版)，2005(2)：39－42.
[42] 何旭元，陈远道. 一种新的拓扑指数 $^{1}\chi^{F}$ 及其与醇类化合物沸点的相关性研究[J]. 常德师范学院学报(自然科学版)，2002，14(1)：28－29.
[43] 孙立力，李志良. 分子电性距离矢量(MEDV)用于醇的分子结构表达和物理性质预测[J]. 化工学报，2005，56(2)：204－208.
[44] 寇建仁，乔华，张生万. 酮羰基紫外吸收能量与分子拓扑指数关系研究[J]. 山西大学学报(自然科学版)，2005，28(3)：299－300.
[45] 王克强. 脂肪醛和脂肪酮的沸点与分子结构关系的拓扑化学研究[J]. 有机化学，1998(18)：419.
[46] 陈艳. 原子序数拓扑指数与脂肪族醛酮沸点的定量关系研究[J]. 有机化学，2001，21(3)：243－244.
[47] 冯长君，沐来龙. 边支化度指数与环烷烃沸点的相关性[J]. 化学工业与

工程，2005，22(5)：338－339.
[48] 王克强，孙献忠．环烷烃的沸点与分子结构之间定量关系的研究[J]. 内蒙古师大学报[自然科学(汉文)版]，2000，29(4)：274－275.
[49] 堵锡华，顾菊观．环烷烃及烷烃的折光指数与结构的关系研究[J]. 化学物理学报，2005，18(2)：212－215.
[50] 舒元梯．拓扑指数与对饱和脂肪酯物理化学性质的预测[J]. 乐山师范学院学报，2003，18(4)：24－27.
[51] 舒元梯．饱和脂肪酯物理化学性质的定量探讨[J]. 西南民族学院学报(自然科学版)，2003，29(2)：151－153.
[52] 舒元梯．饱和一元羧酸物理化学性质的定量探讨[J]. 西南民族学院学报(自然科学版)，2002，28(1)：29－30.
[53] 舒元梯．饱和一元羧酸物理化学性质的定量探讨[J]. 乐山师范学院学报，2002，17(4)：26－29.
[54] 陈亚中，曹晨忠，彭振山，等．苯胺类化合物生物毒性的定量研究[J]. 湘潭师范学院学报(自然科学版)，2001，23(3)：60－64.
[55] 董亮伟，叶芳伟，王建东，等．带有相反拓扑指数的光学涡流间相互作用研究[J]. 物理学报，2004，53(10)：3354－3356.
[56] 徐士友，程乐华，吴蓉．电负性连接性拓扑指数肌^mD及其对无机物理化性质的预测[J]. 首都师范大学学报(自然科学版)，2003，24(1)：41－43.
[57] 唐玄馨，窦万英．电子密度连接性指数与非金属氢化物酸性的关系[J]. 徐州师范大学学报(自然科学版)，2001，19(2)：51－53.
[58] 王振东，杨锋，黄运平，等．多阶 F 指数对碳氢化合物的 QSPR 研究[J]. 有机化学，2004，24(1)：93－98.
[59] 杨锋，王振东，周培疆，等．多阶距离矩阵指数研究[J]. 武汉大学学报(理学版)，2002，48(6)：667－671.
[60] 张红医．分子连接性指数在无机分子性质定量归纳中的应用[J]. 河北大学学报(自然科学版)，2002，22(3)：301－305.
[61] 冯长君．分子树拓扑指数与卤代烷标准熵的相关性研究[J]. 东南大学学报(自然科学版)，2000，30(5)：132－134.
[62] 冯长君，王超，杨伟华．分子树拓扑指数与羧酸化合物 pK_a 值的定量构效关系[J]. 应用化学，2004，21(5)：470－473.
[63] 郑能武，刘清亮，刘双怀．无机化学原理[M]. 合肥：中国科学技术大学出版社，1988.
[64] 袁万钟，隋亮．无机化学教学笔谈[M]. 北京：高等教育出版社，1991.
[65] [澳]Aylward G H，Findlay T J V. SI 化学数据表[M]. 周宁怀，译．北

京：高等教育出版社，1987.
[66] 杨德壬．无机化学中的一些热力学问题[M]．上海：上海科学技术出版社，1986.
[67] 冯光熙，黄祥玉，申泮文，等．无机化学丛书(第一卷)[M]．北京：科学出版社，1984.

第3章 人工神经网络在定量结构—性质相关研究中的应用

3.1 神经网络概述

神经网络是由能够进行信息并行处理的简单元素组成的，这些简单元素是受生物神经系统的启发而产生的，网络的功能由元素间的连接权重决定，可以通过训练网络调节元素间的连接权重，使其执行特定的功能。通常神经网络通过训练使特定的输入与特定的目标输出相联系。

人工神经网络已被成功用于解决许多实际问题，在统计学领域中，有些传统方法在无法解决或解决不太理想的问题上使用了人工神经网络，并且取得了较好的效果。

3.1.1 生物神经网络与人工神经网络的概念

神经元是由细胞体、树突、轴突和突触组成的，树突和轴突分别负责传入和传出兴奋或抑制信息到细胞体，突触包括突触前膜、突触间隙和突触后膜。突触前膜通过化学接触或电接触将信息传向突触后膜受体表面，从而实现神经元的信息传输，多个神经元通过树突和轴突与其他神经元相连，组成一个生物神经网络(Biology Neural Network)。神经元间信息的传递形式有正、负两种连接，正连接呈相互激发，负连接呈相互抑制。神经元间的连接强度和极性可以不同，并可以调整，所以人脑有存储信息的功能。人工神经网络(Artificial Neural Network)是生物神经网络在结构、功能及某些基本特性方面进行理论抽象和简化而形成的一种信息处理系统。从系统观点看，人工神经网络是由大量神经元通过连接构成的自适应非线性动力系统。人工神经网络的最初研究目的是探索大脑的工作原理，模拟大脑的某些机理，研制出具有人脑某些功能的智能机器[1-3]。著名神经网络专家 Nielso 曾说过：神经网络是由处理单元组成的一种并行分布式信息处理结构，处理单元可以具有内部记忆，并能进行局部化信息处理操作，处理单元间可以按单向信息道相互连接，每个侧向连接都转载相同的信号，即处理单元的输出信号，它可以是任意一种数学形式。每个单元所进行的信息处理可以任意定义，唯一要求是它必须是完全局部的，即它只能按相应的连接由到达该处理单元的输入信号的当前值以及存储在处理单元中的值来决定[4-6]。

3.1.2 人工神经网络的信息处理特点

由神经元相互连接组成的人工神经网络，从结构及信息处理方式上都不同于传统的方法，其主要特点表现如下。

1. 信息的分布式存储和一定的容错性

人工神经网络中，每条信息分布存储于整个网络，网络的每个神经元存储所有信息的部分内容。信息的分布式存储表现为神经元的网状分布及神经元间权重的交互连接，这种存储方式的优点在于：若部分信息不完全(信息丢失或有错误)，它仍能恢复原来正确的完整的信息，表现出较强的容错性。

2. 信息的并行处理

人工神经网络在结构上是并行的，决定了网络中的信息处理是在大量神经元中平行而有层次地进行，因此人工神经网络的运算速度较高。

3. 自学习和自适应能力

神经网络通过对样本的学习，提取样本中的规律，调节神经元间的连接权重，从而达到对新事物、新环境的识别，即网络可以通过学习和训练进行自组织，以适应不同信息处理的要求。

4. 非线性处理能力

神经网络是一种非线性动力学系统，具有强大的非线性处理能力。传统统计分析方法以确定的统计模型为基础，而实际上变量具有不确定性和时变性，变量间存在复杂的非线性关系，造成无法或很难精确建立模型，传统方法暴露出其局限性，而人工神经网络有表示任意非线性关系和学习的能力[7-10]，给这些问题的解决提供了新的思想和方法。

3.1.3 人工神经网络的发展简史

人工神经网络的发展大致可以分为四个阶段。

1. 早期阶段

1943年，美国心理学家Warren S. McCulloch与数学家Walter H. Pitts首次提出神经元的数学模型(MP模型)，它是第一个用数理语言描述脑的信息处理过程的模型，从此开创了对神经网络的理论研究。1949年，D. O. Hebb提出神经网络学习机理的“突触修正假设”，Hebb学习规则即后来的调整权重的原则。1957年，F. Rosenblatt首次提出并设计制作了感知器，第一次从理论研究转入实践阶段，掀起了研究人工神经网络的高潮。Bernard Wdrow和Marcian Hoff于1962年提出了自适应线性元件网络。1969 年，Minsy 和 Papert 发表的 *Perception* 指出感知器功能的局限性、非线性及更复杂问题的解决需要具有隐含层的神经网络，并且指出想找到一个多层网络的有效学习算法是极其困难的，该书的出版使神经网络的研究转入低潮。

2. 过渡期

在 20 世纪 70 年代的低潮期，人工神经网络的研究成果主要是提出了各种不同的网络模型。20 世纪 80 年代，芬兰 Teuvo Kohonen 的研究工作促进了学习向量量化理论(LVQ)的形成，此为无导师的一种学习算法。1979 年，Fukushima K 提出了认知机模型，中野馨提出了联想记忆模型。该阶段在理论方面的研究为神经网络理论、数学模型和体系结构构建等方面打下了基础。

3. 新高潮期

20 世纪 70 年代后期，信息科学、神经科学和脑科学研究的新进展极大推动了人工神经网络的发展。美国物理学家 John Hopfield 于 1982 年和 1984 年发表了关于 Hopfield 模型的文章，将能量函数引入网络中，开拓了神经网络用于联想记忆和优化计算的新途径，标志着神经网络发展高潮的到来。1982 年，McClelland 和 Rumelhart 成立了 PDP (Parallel Distributed Processing)小组，研究并行分布式信息处理的方法，并于 1986 年提出了多层网络的误差反传算法(Back Propagation，BP)。BP 神经网络是迄今为止使用比较广泛的网络模型。

4. 20 世纪 80 年代后的热潮

1987 年 6 月 21 日在美国召开了第一届国际神经网络学术会议，宣告了国际神经网络协会(INNS)正式成立。我国也于 1990 年召开了第一次神经网络会议，会议论文涉及生物与人工神经网络模型、理论、分析、应用及实现等神经网络的所有方面。目前各国神经网络的发展以应用为重点，充分结合了当前科技的新进展。

3.1.4 人工神经网络的基本功能

人工神经网络是一种旨在模仿人脑结构及其功能的信息处理系统。因此，它在功能上具有智能特点。

1. 联想记忆功能

由于神经网络具有分布存储信息和并行计算的功能，因此它具有对外界刺激和输入信息进行联想记忆的能力。这种能力是通过神经元之间的协同结构及信息处理的集体行为实现的。神经网络通过预先存储信息和学习机制进行自适应训练，可以从不完整的信息和噪声干扰中恢复原始的完整的信息。

2. 分类与识别功能

神经网络对外界输入样本有很强的识别与分类能力。对输入样本的分类，实际上是在样本空间找出符合分类要求的分割区域，每个区域内的样本属于一类。

3. 优化计算功能

优化计算是指在已知的约束条件下，寻找一组参数组合，使该组合确定的目标函数达到最小。将优化约束信息存储于神经网络的连接权矩阵之中，神经网络的工作状态以动态系统方程式描述。设置一组随机数据作为起始条件，当系统的状态趋于稳定时，神经网络方程的解作为输出优化结果。

4. 非线性映射功能

在许多实际问题中，如过程控制、系统辨识、故障诊断等领域，系统的输入与输出之间存在复杂的非线性关系，对于这类系统，往往难以用传统的数理方程建立其数学模型。神经网络在这方面有独到的优势，设计合理的神经网络通过对系统输入和输出样本进行训练学习，从理论上讲，能够以任意精度逼近任意复杂的非线性函数。神经网络的这一优良性能使其可以作为多维非线性函数的通用数学模型。

3.1.5　人工神经网络的应用

神经网络的发展是理论研究和应用研究交互作用的结果：理论是应用的基础，应用又为理论的发展提供新的方向。20 世纪 80 年代后，神经网络在各领域的应用越来越广泛。

传统的定量结构关系方程统计方法采用多元回归分析，但是对于某些体系，自变量(理化参数)与应变量之间线性较差或者根本不存在线性关系时，尤其是对那些因果关系不明确、推理规则不确定的情况，传统的多元回归分析是极其难以奏效的。但借助于算法就可以圆满地解决这类因果关系不明确或无线性关系的问题。具有独特的学习能力的人工神经网络能够基于数据自动建模[11−15]，使得它对于因果关系不明确的问题具有极强的解决能力。

人工神经网络并不是生理学神经网络的概念，而只是一种数学抽象描述，它是一类全新的模拟人脑的信息加工处理系统和计算系统。神经网络属于人工智能的方法，具有自学习、自适应和自组织能力。

神经网络方法于 1957 年提出，到了 20 世纪 80 年代得到高度重视并迅速发展，研究以非线性并行分布式处理为主流的神经网络取得了杰出的进展，现在成为多学科研究的焦点与前沿，得到广泛的应用。其应用已渗透到各个领域，如智能控制、人工智能、知识工程和生物医学工程等，在生物医学工程中的具体应用如光谱图的分析与预测，蛋白质二级、三级结构预测等有关领域。本书主要是采用这一方法进行 QSPR 研究，这是一个比较新的应用。神经网络用于 QSPR 研究的时间虽然不长，但是显示出其极大的优越性，得到了广泛的应用[16−18]。

1. 人工神经网络在无机物单质标准熵定量结构—性质相关研究中的应用

无机物单质标准熵的人工神经网络研究见表 3-1。

表 3-1　无机物单质标准熵的人工神经网络研究

序号	化合物	M	$S_m^\ominus$/(J·mol^{-1}·K^{-1})(exp)	$S_m^\ominus$/(J·mol^{-1}·K^{-1})(cal)	相对残差/%
1	Ag	107.868	53.60	50.616	5.566 9
2	Al	26.982	33.50	43.513	−29.89
3	As	74.922	47.90	47.723	0.369 54
4	Au	196.967	64.00	58.44	8.687 4
5	B	10.810	20.50	42.093	−105.33
6	Ba	137.330	57.30	53.203	7.149 7
7	Be	9.012	18.00	41.935	−132.97
8	Bi	208.980	65.30	59.495	8.889 6
9	C	12.011	21.80	42.199	−93.572
10	Ca	40.080	38.90	44.663	−14.816
11	Cd	112.410	31.40	51.015	−62.468
12	Ce	140.120	50.00	53.448	−6.896 5
13	Co	58.933	58.20	46.319	20.414
14	Cr	51.996	43.90	45.71	−4.122 6
15	Cs	132.905	63.20	52.815	16.432
16	Cu	63.546	64.90	46.724	28.006
17	Dy	162.500	53.10	55.413	−4.356 9
18	Er	167.260	57.70	55.831	3.238 3
19	Eu	151.960	63.60	54.488	14.327
20	Fe	55.847	66.10	46.048	30.336
21	Ga	69.720	54.00	47.266	12.47
22	Gd	157.250	57.70	54.952	4.761 7
23	Ge	72.590	44.40	47.518	−7.023 1
24	Hf	178.490	42.70	56.818	−33.062
25	Hg	200.590	56.90	58.758	−3.265 9
26	Ho	164.930	45.20	55.627	−23.068
27	In	114.820	60.20	51.227	14.906
28	Ir	192.220	60.70	58.023	4.409 7

续表

序号	化合物	M	$S_m^0/(J\cdot mol^{-1}\cdot K^{-1})(exp)$	$S_m^0/(J\cdot mol^{-1}\cdot K^{-1})(cal)$	相对残差/%
29	K	39.098	59.00	44.577	24.445
30	La	138.906	43.50	53.342	−22.624
31	Li	6.941	46.90	41.753	10.973
32	Lu	174.967	59.80	56.508	5.504 6
33	Mg	24.305	47.30	43.278	8.502 7
34	Mn	54.938	61.90	45.968	25.738
35	Mo	95.940	64.40	49.569	23.03
36	Na	22.990	60.70	43.163	28.892
37	Nb	92.906	54.40	49.302	9.370 8
38	Nd	144.240	63.60	53.81	15.393
39	Ni	58.690	38.50	46.298	−20.254
40	Os	190.200	57.70	57.846	−0.252 87
41	Pb	207.200	14.60	59.339	−306.43
42	Pd	106.420	61.90	50.489	18.435
43	Pr	140.908	31.80	53.517	−68.294
44	Pt	195.080	43.10	58.274	−35.207
45	Ra	226.025	51.50	60.992	−18.431
46	Rb	85.468	49.80	48.649	2.311 1
47	Re	186.207	62.80	57.495	8.447
48	Rh	102.906	52.30	50.18	4.052 9
49	Ru	101.070	52.30	50.019	4.361 1
50	S	32.060	35.60	43.959	−23.481
51	Sb	121.750	55.20	51.835	6.095 8
52	Sc	44.956	40.60	45.092	−11.063
53	Se	78.960	48.50	48.078	0.870 9
54	Si	28.086	33.90	43.61	−28.644
55	Sm	150.360	59.00	54.347	7.885 7
56	Sn	118.690	54.80	51.566	5.900 7
57	Sr	87.620	50.20	48.838	2.713
58	Ta	180.948	62.30	57.033	8.453 5

续表

序号	化合物	M	$S_m^\theta/(J \cdot mol^{-1} \cdot K^{-1})(exp)$	$S_m^\theta/(J \cdot mol^{-1} \cdot K^{-1})(cal)$	相对残差/%
59	Tb	158.925	59.80	55.1	7.860 2
60	Te	127.600	56.10	52.349	6.686 6
61	Th	232.038	66.50	61.52	7.489
62	Ti	47.880	41.00	45.348	−10.606
63	Tl	204.383	64.40	59.091	8.243 2
64	U	238.029	66.90	62.046	7.255 8
65	V	50.942	42.30	45.617	−7.842 2
66	W	183.850	62.80	57.288	8.776 6
67	Y	88.906	50.20	48.951	2.488 1
68	Yb	173.040	61.50	56.339	8.391 8
69	Zn	65.380	45.60	46.885	−2.818 2
70	Zr	91.220	50.60	49.154	2.857 3

注：exp 代表实验值，cal 代表人工神经网络计算值。

通过计算，得到

$$总的平均相对残差=\frac{1}{70}\sum|相对残差|=-8.791\,5\%$$

2. 人工神经网络在无机物过渡金属标准生成焓定量结构—性质相关研究中的应用

定义一个原子势：$X_i=Z_i^2/r_i$，其中 Z_i 对金属元素取氧化数，非金属元素取价电子数；r_i 为原子相对共价半径（以碳原子的半径为基准，$r_C=0.77\times10^{-10}$ m）。因此，由 n 个原子组成的分子结构参数为：$x=\sum X_i$，χ_{p1}、χ_{p2} 分别为化合物中的金属元素、非金属元素的鲍林电负性。过渡金属卤化物标准生成焓与 x、χ_{p1}、χ_{p2} 的人工神经网络研究见表 3-2。

表 3-2　过渡金属卤化物标准生成焓与 x、χ_{p1}、χ_{p2} 的人工神经网络研究

序号	化合物	χ_{p1}	χ_{p2}	x	$-\Delta fH_m^\theta(g)$ $/(kJ \cdot mol^{-1})(exp)$	$-\Delta fH_m^\theta(g)$ $/(kJ \cdot mol^{-1})(cal)$	相对残差/%
1	$CoBr_2$	1.88	2.96	68.848 15	232.0	219.6	5.345 3
2	CoI_2	1.88	2.66	59.392 01	102.0	120.61	−18.25
3	Hg_2I_2	1.90	2.66	57.770 40	121.0	104.19	13.889
4	NiF_2	1.91	3.98	107.483 8	667.0	567.94	14.852
5	$NiCl_2$	1.91	3.16	78.900 48	316.0	286.2	9.428 8
6	$NiBr_2$	1.91	2.96	68.871 24	227.0	205	9.692 3

续表

序号	化合物	χ_{p1}	χ_{p2}	x	$-\Delta f H_m^\theta(g)$ /(kJ·mol^{-1})(exp)	$-\Delta f H_m^\theta(g)$ /(kJ·mol^{-1})(cal)	相对残差/%
7	$CuBr_2$	1.90	2.96	68.825 46	141.0	209.71	−48.73
8	$IrCl_2$	2.20	3.16	78.647 42	179.0	143.12	20.044
9	$FeCl_2$	1.83	3.16	78.854 70	341.0	325.2	4.632 3
10	$FeCl_3$	1.83	3.16	120.256 4	405.0	494.33	−22.056
11	ZnI_2	1.65	2.66	59.200 84	209.0	232.49	−11.241
12	VCl_2	1.63	3.16	78.746 81	452.0	422.73	6.476
13	VCl_3	1.63	3.16	120.013 7	573.0	591.3	−3.193 7
14	$ZnCl_2$	1.65	3.16	78.686 22	416.0	412.68	0.796 96
15	$ZrCl_4$	1.33	3.16	160.941 0	962.0	905.43	5.880 2
16	Hg_2Cl_2	1.90	3.16	77.255 78	265.0	284.38	−7.315
17	$HgCl_2$	1.90	3.16	78.289 33	230.0	288.61	−25.481
18	$AgCl$	1.93	3.16	38.685 74	127.0	112.13	11.705
19	$CrCl_2$	1.66	3.16	78.832 39	396.0	408.38	−3.127 1
20	$CrCl_3$	1.66	3.16	120.206 2	563.0	577.39	−2.556 2
21	CoF_2	1.88	3.98	107.460 7	665.0	582.54	12.4
22	$CoCl_2$	1.88	3.16	78.877 39	326.0	300.81	7.728 4
23	CuF_2	1.90	3.98	107.438 0	531.0	572.65	−7.844
24	$CuCl$	1.90	3.16	38.769 23	135.0	127.17	5.799 5
25	$FeBr_2$	1.83	2.96	68.825 46	251.0	244	2.789 8
26	Hg_2Br_2	1.90	2.96	67.226 54	207.0	203.18	1.846 2
27	$HgBr_2$	1.90	2.96	68.260 10	170.0	207.4	−22
28	AgF	1.93	3.98	52.977 40	203.0	335.49	−65.266
29	MnI_2	1.55	2.66	59.369 32	248.0	282.16	−13.776
30	$AgBr$	1.93	2.96	33.671 12	99.5	51.413	48.329
31	AgI	1.93	2.66	28.943 05	62.4	−28.258	145.28
32	HgI_2	1.90	2.66	58.803 96	105.0	108.42	−3.253 4
33	$CuBr$	1.90	2.96	33.754 61	105.0	66.449	36.716
34	$CuCl_2$	1.90	3.16	78.854 70	206.0	290.92	−41.221
35	CdF_2	1.69	3.98	106.886 6	690.0	673.26	2.425 7
36	$CdCl_2$	1.69	3.16	78.303 30	389.0	391.53	−0.649 71
37	$CdBr_2$	1.69	2.96	68.274 06	314.0	310.32	1.171 7

注：exp 代表实验值，cal 代表人工神经网络计算值。

通过计算，得到

$$总的平均相对残差=\frac{1}{37}\sum|相对残差|=1.9262\%$$

3.2 神经网络模型

神经网络是由大量的处理单元(神经元)互相连接而成的网络。为了模拟大脑的基本特性，在神经科学研究的基础上，提出了神经网络的模型。但是，实际上神经网络并没有完全反映大脑的功能，只是对生物神经网络进行某种抽象、简化和模拟。神经网络的信息处理通过神经元的相互作用来实现，知识与信息的存储表现为网络元件互联分布式的物理联系。神经网络的学习和知识取决于各神经元连接权系数的动态演化过程。

3.2.1 神经元结构单元

神经元是神经网络的基本处理单元，一般表现为一个多输入、单输出的非线性阈值器件，通用的结构模型如图 3-1 所示。

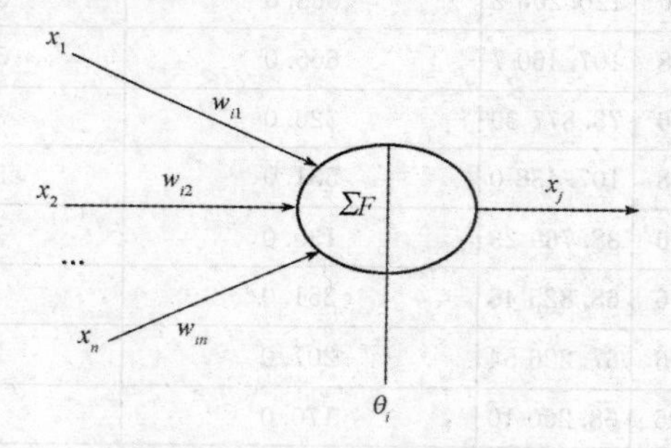

图 3-1 神经元通用的结构模型

$$\begin{cases}\tau\dfrac{\mathrm{d}u_i}{\mathrm{d}t}=-u_i(t)+\sum w_{ij}x_j(t)-\theta_i\\ y_i(t)=f[u_i(t)]\end{cases}$$

式中，u_i 为神经元的内部状态，θ_i 为阈值，x_j 为输入信号，w_{ij} 表示与神经元 x_j 连接的权值，y_i 表示某一外部输入的控制信号。

神经元模型常用一阶微分方程来描述，它可以模拟生物神经网络突触膜电位随时间变化的规律。

神经元的输出由函数 f 表示，一般利用以下函数表达式来表现网络的非线性特征。

(1)阈值型阶跃函数。

$$f(u_i)=\begin{cases}1 & (u_i \geqslant 0)\\ 0 & (u_i < 0)\end{cases}$$

(2)分段线性型函数。

$$f(u_i)=\begin{cases}1 \quad (u_i \geqslant u_2)\\ au_i+b \quad (u_i \leqslant 0 < u_2)\\ 0 \quad (u_i \leqslant u_1)\end{cases}$$

(3)S 型函数。

$$f(u_i)=\frac{1}{1+\exp(-u_i/c)^2}$$

式中，c 为常数。

S 型函数反映了神经元的饱和特性，由于其函数连续可导，调节曲线的参数可以得到类似阈值函数的功能，因此，该函数被广泛应用于许多神经元的输出特性中。

3.2.2 神经网络的互联模式

根据连接方式的不同，神经网络的神经元之间的连接有如下几种形式。

1. 前向网络

前向网络的结构如图 3-2 所示。神经元分层排列，分别组成输入层、中间层(也称隐含层，可以由若干层组成)和输出层。每一层的神经元只接受来自前一层神经元的输入，后面层对前面层没有信号反馈。输入模式经过各层次的顺序传播，最后在输出层上得到输出。

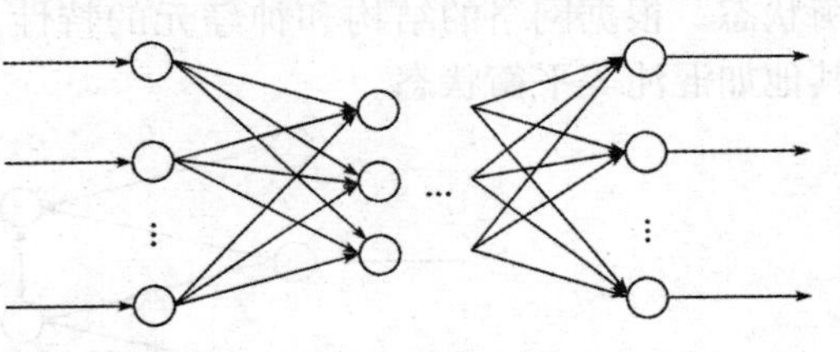

图 3-2　前向网络的结构

2. 有反馈的前向网络

有反馈的前向网络的结构如图 3-3 所示，输出层对输入层有信息反馈。这种网络可用于存储某种模式序列，如神经认知机和回归 BP 网络都属于这种类型。

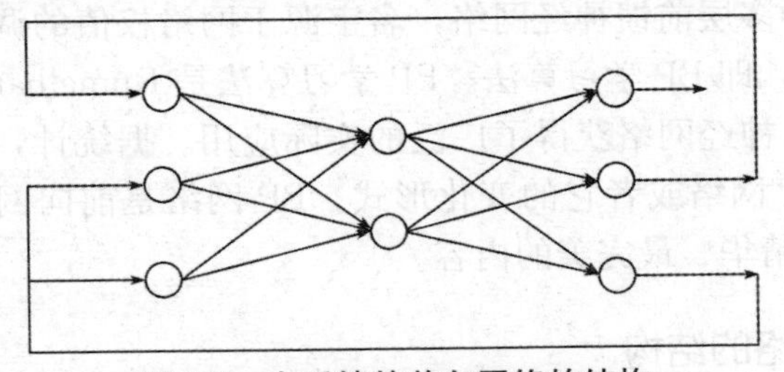

图 3-3　有反馈的前向网络的结构

3. 层内有相互结合的前向网络

层内有相互结合的前向网络的结构如图 3-4 所示。通过层内神经元的相互结合，可以实现同一层内神经元之间的横向抑制或兴奋机制。这样可以限制每层内可以同时动作的神经元素，或者把每层内的神经元分为若干组，使每一组作为一个整体进行运作。例如，可利用横向抑制机理把某层内具有最大输出的神经元挑选出来，从而抑制其他神经元，使之处于无输出的状态。

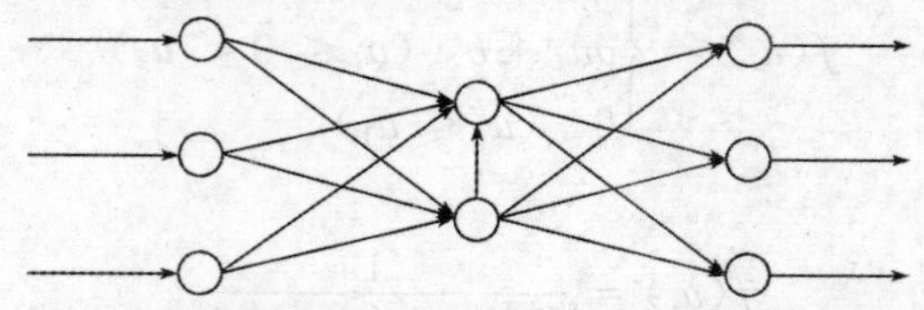

图 3-4　层内有相互结合的前向网络的结构

4. 相互结合型网络(全互联或部分互联)

相互结合型网络的结构如图 3-5 所示。这种网络在任意两个神经元之间都可能有连接。在无反馈的前向网络中，信号一旦通过某神经元，该神经元的处理就结束了。而在相互结合型网络中，信号要在神经元之间反复传递，网络处于一种不断改变状态的动态之中。信号从某种初始状态，经过若干次变化才会达到某种平衡状态。根据网络的结构和神经元的特性，网络的运行还有可能进入周期振荡或其他如混沌等平衡状态。

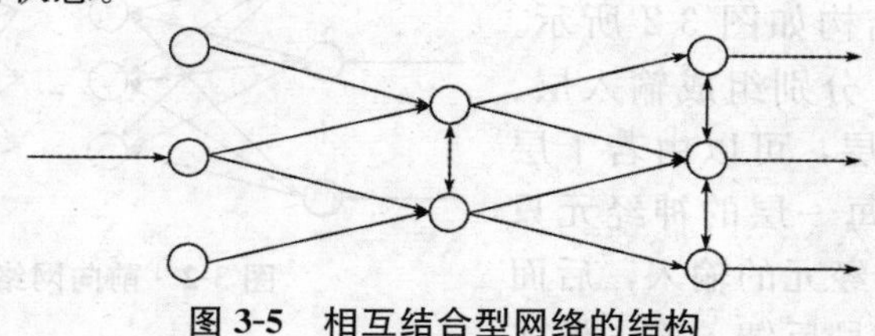

图 3-5　相互结合型网络的结构

3.3　BP 网络理论

BP 网络是一种多层前馈神经网络，名字源于网络权值的调整规则，采用的是后向传播学习算法，即 BP 学习算法。BP 学习算法是 Rumelhart 等在 1986 年提出的。自此以后，BP 神经网络获得了广泛的实际应用。据统计，80％～90％的神经网络模型采用了 BP 网络或者它的变化形式。BP 网络是前向网络的核心部分，体现了神经网络中最精华、最完美的内容。

3.3.1　BP 网络的结构

BP 网络的结构如图 3-6 所示。标准的 BP 模型有输入层、隐含层(可以是一层或多层)和输出层三个神经元层次，相邻层神经元之间两两连接，而同一层次的神经元之间没有连接。

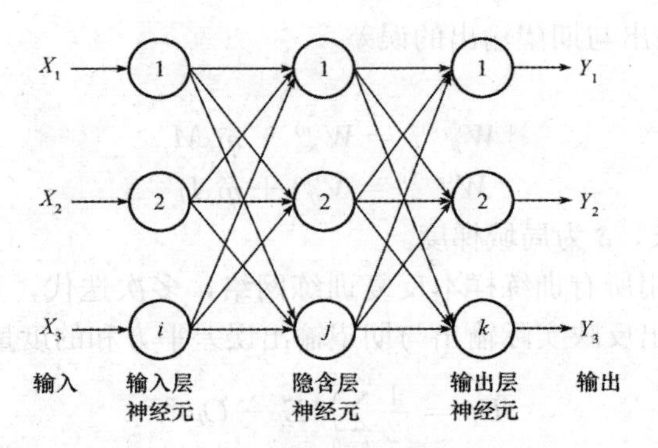

图 3-6　BP 网络的结构

3.3.2　BP 网络的原理

BP 网络是一种单向传播的多层前向网络。它通过大量样本进行学习，不断减小网络输出与用户要求间的距离，逼近要求。其学习训练由以下四个阶段组成：

(1)输入模式由输入层经中间层向输出层的“模式顺传播”过程，得到了最初网络的输出。

(2)由网络期望输出与网络实际输出之差得到的误差信号，从输出层经中间层向输入层逐渐修正连接权的“误差逆传播”过程。

(3)“模式顺传播”与“误差逆传播”反复交替进行的网络“记忆训练”过程，用各样本反复迭代，不断修正连接权。

(4)网络趋向收敛，即网络的全局误差趋向极小值的“学习收敛”过程。网络收敛后，就达到用户的要求，训练过程结束。

由此可以看出，BP 网络的训练过程归结起来为：模式顺传播—误差逆传播—记忆训练—学习收敛。

3.3.3　BP 网络学习规则

图 3-6 中输入层、隐含层和输出层的单元数分别为 N、L 和 M。输入层各神经元的输入为 I_0，I_1，…，I_{N-1}；隐含层各神经元的输出为 M_0，M_1，…，M_{L-1}；网络实际输出层各神经元的输出为 O_0，O_1，…，O_{M-1}；训练样本期望各神经元的输出值为 E_0，E_1，…，E_{M-1}；输入单元 i 到隐含层 j 的权值为 V_{ij}，隐含层 j 到输出单元 k 的权值为 W_{jk}。

(1)将权值初始化为－1.0～1.0 的随机数。

(2)从样本中提取特征，取出 I_0，I_1，…，I_{N-1} 输入网络，指定期望输出 E_0，E_1，…，E_{M-1}。

(3)计算隐含层输出值 M_0，M_1，…，M_{L-1} 和网络实际输出值 O_0，O_1，…，O_{M-1}。

(4)计算实际输出与期望输出的误差。

(5)调整权值。

$$W_{jk}^{(n+1)} = W_{jk}^{(n)} + \eta\delta_k M_j$$
$$W_{ij}^{(n+1)} = V_{ij}^{(n)} + \eta\delta_j I_i$$

式中，η 为学习步长，δ 为局域梯度。

(6)返回(5)，用所有训练样本反复训练网络，多次迭代，直到权值达到稳定。实际训练时，定义出反映实际输出与期望输出误差平方和的度量值为

$$E_P = \frac{1}{2}\sum_{k=0}^{M-1}(E_k - O_k)^2$$

收敛条件为

$$\text{Error} = \frac{1}{P}\sum_{P=0}^{P-1}E_P < \varepsilon$$

式中，P 为训练样本数，ε 为给定的误差范围。当满足此条件时训练结束。

3.3.4 BP网络设计技巧

(1)输入量必须选择那些对输出影响大的且能够检测或提取的变量。

(2)各输入量之间互不相关或相关性很小。

(3)样本要有代表性，注意样本类别的均衡。

(4)样本的组织要注意将不同类别的样本交叉输入。

(5)网络的训练测试，测试标注是看网络是否有好的泛化能力。测试做法：不用样本训练集中的数据测试。一般是将收集到的可用样本随机分成两部分，一部分为训练集，另一部分是测试集。若训练集的样本误差很小，而对测试集的样本误差很大，则泛化能力差。

(6)隐含层单元数可参考以下公式：

1) $\sum C_n{}^i > k$，其中 k 为样本数，n 为隐含层单元数，i 为输入层单元数。如果 $i > n$，则 $C=0$。

2) $n_1 = (n+m)^{1/2} + a$ ，其中，m 为输出神经元数，n 为输入单元数，a 为[1，10]之间的常数。

3) $n_1 = \log_2 n$ ，其中，n 为输入单元数。

3.3.5 初始权值的设计

网络权值的初始化决定了网络的训练从误差曲面的哪一点开始，因此初始化方法对缩短网络的训练时间至关重要。一个重要的要求是：初始权值在输入累加时使每个神经元的状态值接近零，权值一般取随机数，数值要比较小。

3.4　结　论

(1)研究建立的线性神经网络，优于多元线性回归方法。

(2)本研究系统地探讨了 ANN 的非线性处理能力，从而克服了仅对具体资料进行人工神经网络特定模型研究的局限性。

(3)本研究建立的线性人工神经网络，充分发挥了神经网络处理非线性问题的能力及分布储存与并行处理信息的能力，一次训练学习完成后，可同时对多种化合物性质进行预测，是一种较好的预测化合物性质的方法。理论证明，人工神经网络对变量间关系信息的提取具有非特异性，从而克服了传统统计分析方法对数据的严格限制，即数据必须满足给定理论模型才能使用该模型分析，而神经网络在对数据进行处理前可以不考虑数据间关系的具体函数形式，任意连续 S 型函数理论上都能得到较好的拟合效果。

参考文献

Reference

[1] 金丕焕．医用统计方法[M]．上海：上海医科大学出版社，1993.

[2] 蒋知俭．医学统计学[M]．北京：人民卫生出版社，1997.

[3] 胡克震，马德锡．医学随访统计方法[M]．北京：科学技术文献出版社，1993.

[4] 袁曾任．人工神经元网络及其应用[M]．北京：清华大学出版社，1999.

[5] 张立明．人工神经网络的模型及其应用[M]．上海：复旦大学出版社，1993.

[6] 彭昭英．世界统计与分析全才 SAS 系统应用指南(上、下册)[M]．北京：北京希望电子出版社，2000.

[7] 卢纹岱，朱一力，沙捷，等．SPSS for Windows 从入门到精通[M]．北京：电子工业出版社，1997.

[8] 吴启勋．镧系元素的失屏参数及应用[J]．化学通报，1984(3)：24—26.

[9] 吴启勋，祁正兴，潘国庆，等．镧系元素的键参数拓扑指数及应用[J]．化学通报，1998(4)：44—46.

[10] 马斌荣，孟琢，沈晋葱．SPSS for Windows 在医学科研统计中的应用[M]．北京：科学出版社，1998.

[11] 刘新华．价电子组态参数 V_e 与镧系元素理化性质的相关性研究[J]．化学研究与应用，2002，14(3)：274－276.

[12] 杨林．键参数拓扑指数与镧系元素物性的多元分析[J]．计算机与应用化学，2002，19 (4)：462－463.

[13] 楼顺天，施阳．基于MATLAB的系统分析与设计——神经网络[M]．西安：西安电子科技大学出版社，1998.

[14] 高隽．人工神经网络原理及仿真实例[M]．北京：机械工业出版社，2003.

[15] K. G. Joreskog，H. Wold（Eds.）. Systems under indirect observation，Vol. Ⅰ and Ⅱ[M]. Amsterdam：North Holland Publishing Co，1982.

[16] 楼顺天，于卫，闫华梁．MATLAB程序设计语言[M]．西安：西安电子科技大学出版社，1997.

[17] 杨兴华，张南生，潘忠孝．人工神经网络用于 Ln^{3+} 的萃合及协萃体系稳定常数的关联和预测[J]．分析科学学报，2002，18(1)：51－53.

[18] [美]A. S. 潘迪，R. B. 梅西．神经网络模式识别及其实现[M]．徐勇，等译．北京：电子工业出版社，1999.

第4章 灰色系统理论在质量评价中的应用

4.1 引　　言

现代科学技术在高度分化的基础上高度综合的大趋势，导致了具有方法论意义的系统科学学科群的出现，系统科学地揭示了事物之间更为深刻、更具本质性的内在联系，大大促进了科学技术的整体化进程；许多科学领域中长期难以解决的复杂问题随着系统科学的出现迎刃而解；人们对自然界和客观事物演化规律的认识也由于系统科学的出现而逐步深化。20世纪40年代末期诞生的系统论、信息论、控制论，产生于20世纪60年代末70年代初的耗散结构理论、协同学、突变论、分形理论以及20世纪70年代中后期相继出现的超循环理论、动力系统理论、泛系理论等都是具有横向性、交叉性的系统科学新学科。

在对系统的研究中，由于内外扰动的存在和认识水平的局限，人们所得到的信息往往带有某种不确定性。随着科学技术的发展和人类社会的进步，人们对各类系统不确定性的认识逐步深化，不确定性系统的研究也日益深入。20世纪后半叶，在系统科学和系统工程领域，各种不确定性系统理论和方法的不断涌现形成一大景观。例如，扎德教授于20世纪60年代创立的模糊数学、邓聚龙教授于20世纪80年代创立的灰色系统理论[1-5]、帕拉克教授于20世纪80年代创立的粗糙集理论和王光远教授于20世纪90年代创立的未确知数学等，都是不确定性系统研究的重要成果。

灰色系统理论以“部分信息已知，部分信息未知”的“小样本”“贫信息”不确定性系统为研究对象，主要通过对“部分”已知信息的生成、开发、提取有价值的信息，实现对系统运行行为、演化规律的正确描述和有效监控。社会、经济、农业、工业、生态、生物等许多系统，是按照研究对象所属的领域和范围命名的，而灰色系统却是按颜色命名的。在控制论中，人们常用颜色的深浅形容信息的明确程度，如艾什比(Ashby)将内部信息未知的对象称为黑箱(Black Box)，这种称谓已为人们普遍接受。人们用“黑”表示信息未知，用“白”表示信息完全明确，用“灰”表示部分信息明确、部分信息不明确。相应的，信息完全明确的系统称为白色系统；信息未知的系统称为黑色系统；部分信息明确、部分信息不明确的系统称为灰色系统。

灰色系统理论是控制论的观点和方法延伸到社会、经济领域的产物，也是自动控制科学与运筹学的数学方法结合的结果，属当代新兴软科学之一。作为一门新兴的边缘学科，由于其系统模型对实验数据没有什么特殊的要求和限制，应用领域十分宽广。目前，应用范围已拓展到工业、能源、交通、石油、地质、水利、气象、生态、环境、医学、教育、体育、农业、社会、经济、军事、法学、金融等众多领域，成功地解决了生产、生活和科学研究中的大量实际问题。

4.2　灰色系统理论的产生与发展

1982年，北荷兰出版公司出版的《系统与控制通信》*Systems & Control Letters*期刊上发表了我国学者邓聚龙教授的第一篇灰色系统论文《灰色系统的控制问题》(The Control Problems of Grey Systems)，1982年《华中工学院学报》第3期上发表了邓聚龙教授的第一篇中文灰色系统论文《灰色控制系统》，标志着灰色系统理论这一新兴横断学科问世。这一新理论一经诞生，就受到国内外学术界和广大实际工作者的极大关注，不少著名学者和专家给予充分肯定和支持。许多中青年学者纷纷加入灰色系统理论研究行列，以极大的热情开展理论探索及在不同领域中的应用研究工作。

1985年，全国性的灰色系统研究会宣告成立，会员遍布各省、市、自治区以及我国港、澳、台地区。湖北、河南、浙江、山西、山东、河北、宁夏、台湾等地成立了灰色系统研究分会或专业性研究组织。一批热心灰色系统研究的学者先后在太原、武汉、杭州、郑州、大溪召开了多次全国灰色系统学术会议，宣读、交流灰色系统论文达数千篇。

1989年在英国创办的英文版国际学术刊物《灰色系统学报》(The Journal of Grey System)已成为《英国科学文摘》(SA)、《美国数学评论》(MR)等重要国际文摘机构的核心期刊。全世界有300余种学术期刊接受、刊登灰色系统论文，美国计算机学会会刊、我国台湾《模糊数学通讯》、系统与控制国际杂志*Kybernetes*(SCI源期刊)出版了灰色系统专辑。目前，英国、美国、德国、日本、澳大利亚、加拿大、奥地利、俄罗斯等国家和我国台湾、香港地区以及联合国等国际组织有许多知名学者从事灰色系统的研究工作。日本早稻田大学的Morita Hironabu教授(灰色预测)；澳大利亚莫纳什大学的Kuhnell B. T. 教授(灰色诊断)；澳大利亚西澳大学的Kirk T. B. 教授(灰色模糊分析)；美国东肯塔基大学的David K. W. N教授(灰色模糊比较)；美国宾州州立SR大学的Forrest J. 教授(灰色模型)；美国圣地亚国家实验室的Cab le G. D教授(灰色分析)；印度科学院的Subhankar Karmakar博士(灰色优化模型)；我国台湾“中央大学”的吴汉雄教授(灰色评估)、温坤礼博士(灰色建模)，大溪大学的黄有评教授(灰色遗传算法)，大同大学的卢鸿卿教授

(灰关联分析)，成功大学的林启源教授(灰色神经网络)，台湾大学的吴家麟教授(灰色图像压缩)，华中科技大学的陈绵云教授(灰色控制)，山东大学的史开泉教授(灰信息空间)及王子亮博士(灰色模型)，河北经贸大学的王清印教授(泛灰系统)，浙江大学的罗庆成教授(灰色投入产出)及何勇教授(灰色预测)，杭州大学的水乃翔教授(灰色模型)，北京交通大学的贺仲雄教授(灰色可拓关系)，武汉交通科技大学的肖新平教授(灰色聚类)，山西省农科院的王学萌研究员(农村经济灰系统分析)，四川大学的徐玖平教授(灰色优化模型)，烟台大学的宋中民教授(灰色模型)等都作了大量深入的研究，为灰色系统理论的发展作出了重要贡献。

在1992年召开的第七次全国灰色系统学术会议上，中国科学院院士陈克强教授指出："自然科学各学科诞生之初，能在10年内迅速突破，获得重大发展的为数不多，灰色系统理论就是其中之一。"

1982年至今，灰色系统理论问世仅有30多年时间，就以其强大的生命力自立于科学之林，奠定了其作为一门新兴横断学科的学术地位，灰色系统理论的蓬勃生机和广阔前景正日益广泛地被国际、国内各界所认识、重视。

4.3　几种不确定性方法的比较

概率统计、模糊数学[6-10]和灰色系统理论是三种最常用的不确定性系统的研究方法。由表4-1可以看出，其研究对象都具有某种不确定性，这是三种方法的共同点。正是因为研究对象在不确定性上的区别才派生出三种各具特色的不确定性学科。

表4-1　三种不确定性方法的比较

项目	灰色系统	概率统计	模糊数学
研究对象	贫信息不确定	随机不确定	认知不确定
基础集合	灰色朦胧集	康托集	模糊集
方法依据	信息覆盖	映射	映射
途径手段	灰序列算子	频率统计	截集
数据要求	任意分布	典型分布	隶属度可知
侧重	内涵	内涵	外延
目标	现实规律	历史统计规律	认知表达
特色	小样本	大样本	凭经验

模糊数学着重研究"认知不确定"问题，其研究对象具有"内涵明确，外延不明确"的特点。如"年轻人"就是一个模糊概念，因为每一个人都十分清楚"年轻人"的内涵，但是要划定一个确切的范围，在这个范围之内的是年轻人，范围之外的都不是年轻人，则很难办到。因为"年轻人"这个概念外延不明确。对于这类内涵明确、外延不明确的"认知不确定"问题，模糊数学主要是凭经验借助于隶属函数进

行处理的。

概率统计研究的是“随机不确定”现象，着重于考察“随机不确定”现象的历史统计规律，考察具有多种可能发生结果的“随机不确定”现象中每一种结果发生的可能性大小。其出发点是大样本，并要求对象服从某种典型分布。

灰色系统理论着重研究概率统计、模糊数学所难以解决的“小样本”“贫信息”不确定性问题，并依据信息覆盖，通过序列算子的作用探索事物运动的现实规律。其特点是“少数据建模”。与模糊数学不同的是，灰色系统理论着重研究“外延明确，内涵不明确”的对象。如 2050 年，我国要将总人口控制在 15 亿到 16 亿之间，“15 亿到 16 亿之间”就是一个灰概念，其外延是很清楚的，但到底是 15 亿到 16 亿之间的哪个具体数值，则不清楚。

4.4 灰色系统理论

4.4.1 灰色关联分析的基本特征

1. 总体性

关联度虽是描述离散函数之间的远近程度的量度，但它强调的是若干个离散函数对一个离散函数远近的相对程度，即要排出关联序，这就是总体性，其将各因素统一置于系统之中进行比较与分析。

2. 非对称性

在同一系统中，甲对乙的关联度，并不等于乙对甲的关联度，这较真实地反映了系统中各因素之间真实的灰关系。

3. 非唯一性

关联度随着母序列、子序列、原始数据处理方法、数据多少、分辨系数的不同而不同。

4. 有序性

系统中的状态变量不能任意颠倒时序，否则会改变原序列性质。

5. 动态性

因素间的灰关联度随着序列的长度不同而变化，表明系统在发展过程中，各因素之间的关联关系也随之不断变化。

4.4.2 数学原理

设 x_1，x_2，…，x_N 为 N 个因素，反映各因素变化特性的数据列分别为 $\{x_1(t)\}$，$\{x_2(t)\}$，…，$\{x_N(t)\}$，$t=1$，2，…，M。因素 x_j 对 x_i 的关联系数定义为

$$\xi_{ij}(t)=\frac{\Delta_{\min}+k\Delta_{\max}}{\Delta_{ij}(t)+k\Delta_{\max}},\ t=1,2,\cdots,M \tag{4-1}$$

$$\Delta_{ij}(t)=\left|x_i(t)-x_j(t)\right| \tag{4-2}$$

$$\Delta_{\max}=\max_j\max_i\Delta_{ij}(t) \tag{4-3}$$

$$\Delta_{\min}=\min_j\min_i\Delta_{ij}(t) \tag{4-4}$$

式中，$\xi_{ij}(t)$ 为因素 x_j 对 x_i 在 t 时刻的关联系数；k 为[0，1]区间上的灰数。$\Delta_{ij}(t)$ 的最小值是 $\Delta_{\min}$，当它取最小值时，关联系数 $\xi_{ij}(t)$ 取最大值 $\max\xi_{ij}(t)=1$；$\Delta_{ij}(t)$ 的最大值为 $\Delta_{\max}$，当它取最大值时，关联系数 $\xi_{ij}(t)$ 取最小值 $\min\limits_i\xi_{ij}(t)=\frac{1}{1+k}\left(k+\frac{\Delta_{\min}}{\Delta_{\max}}\right)$，即 $\xi_{ij}(t)$ 是一个有界的离散函数。若取灰数 k 的白化值为 1，则有

$$\frac{1}{2}\left(1+\frac{\Delta_{\min}}{\Delta_{\max}}\right)\leqslant\xi_{ij}(t)\leqslant 1 \tag{4-5}$$

在实际计算时，取 $\Delta_{\min}=0$，这时有

$$0.5\leqslant\xi_{ij}(t)\leqslant 1 \tag{4-6}$$

定义 x_j 对 x_i 的关联度为

$$\gamma_{ij}=\frac{s_{ij}}{s_{ii}} \tag{4-7}$$

显然，$s_{ij}=1\times M=M$，式(4-7)可以写成：

$$\gamma_{ij}=s_{ij}/M \tag{4-8}$$

在实际计算中，常用近似公式

$$\gamma_{ij}=\frac{1}{M}\sum_{i=1}^{M}\xi_{ij}(t) \tag{4-9}$$

代替。

从以上关联度的定义可以看出，它主要取决于各时刻的关联系数 $\xi_{ij}(t)$ 的值，而 $\xi_{ij}(t)$ 又取决于各时刻 x_i 与 x_j 观测值之差 $\Delta_{ij}(t)$。显然，x_i 与 x_j 的量纲不同，作图比例尺就会不同，因而关联曲线的空间相对位置也会不同，这就会影响关联度(y_{ij})的计算结果。为了消除量纲的影响，增强不同量纲的因素之间的可比性，就需要在进行关联度计算之前，首先对各要素的原始数据作初值变换或均值变换，然后利用变换后所得到的新数据作关联度计算。

4.4.3　灰色关联因素和关联算子集

对一个抽象的系统或现象进行分析，首先要选准反映行为特征的映射量，然后确定影响系统主行为的有效因素，通过算子作用，将映射量和各有效因素转化为数量级上大体相近的无量纲数据，并将负相关因素转化为正相关因素。

设 X_i 为系统因素，其在序号 k 上的观测数据为 $x_i(k)$，$k=1$，2，…，n，则称

$$X_i=(x_i(1), x_i(2), \cdots, x_i(n)) \tag{4-10}$$

为因素 x_i 的行为序列；若存在

$$X_iD_1=(x_i(1)d_1, x_i(2)d_1, \cdots, x_i(n)d_1) \tag{4-11}$$

其中

$$x_i(k)d_1=x_i(k)/x_i(1), k=1, 2, \cdots, n \tag{4-12}$$

则称 D_1 为初值化算子，X_i 为原像，X_iD_1 为初值像；若存在

$$X_iD_2=(x_i(1)d_2, x_i(2)d_2, \cdots, x_i(n)d_2) \tag{4-13}$$

其中

$$x_i(k)d_2=\frac{x_i(k)}{\overline{x}_i}, \overline{x}_i=\frac{1}{n}\sum_{i=1}^{n}x_i(k); k=1,2,\cdots,n \tag{4-14}$$

则称 D_2 为均值化算子，X_iD_2 为均值像；若存在

$$X_iD_3=(x_i(1)d_3, x_i(2)d_3, \cdots, x_i(n)d_3) \tag{4-15}$$

其中

$$x_i(k)d_3=\frac{x_i(k)-\min\limits_k x_i(k)}{\max\limits_k x_i(k)-\min\limits_k x_i(k)}, k=1,2,\cdots,n \tag{4-16}$$

则称 D_3 为区间值化算子，X_iD_3 为区间值像；若存在

$$X_iD_4=(x_i(1)d_4, x_i(2)d_4, \cdots, x_i(n)d_4) \tag{4-17}$$

其中

$$X_i(k)d_4=1-x_i(k), k=1, 2, \cdots, n \tag{4-18}$$

则称 D_4 为逆化算子，X_iD_4 为逆化像；若存在

$$X_iD_5=(x_i(1)d_5, x_i(2)d_5, \cdots, x_i(n)d_5) \tag{4-19}$$

其中

$$x_i(k)d_5=1/x_i(k), k=1, 2, \cdots, n \tag{4-20}$$

则称 D_5 为倒数化算子，X_iD_5 为倒数化像。

以上将

$$D=\{D_i \mid i=1, 2, 3, 4, 5\} \tag{4-21}$$

称为灰色关联算子集，(X, D)为灰色关联因子空间。

由系统因素集合和灰色关联算子集构成的因子空间是灰色关联分析的基础。基于 n 维空间的距离求出灰色关联度，进而排出关联序。

4.4.4 灰色关联度

设系统行为序列 $X_i=(x_i(1), x_i(2), \cdots, x_i(n))$，$D$ 为序列算子，且

$$X_iD=(x_i(1)d, x_i(2)d, \cdots, x_i(n)d) \tag{4-22}$$

其中，

$$x_i(k)d=x_i(k)-x_i(1), k=1, 2, \cdots, n \tag{4-23}$$

则称 D 为始点零化算子，X_iD 为 X_i 的始点零化像，记为

$$X_iD=X_i^0=(x_i^0(1),\ x_i^0(2),\ \cdots,\ x_i^0(n)) \tag{4-24}$$

若

$$|\ s_0\ |=\left|\sum_{k=2}^{n-1}x_0^0(k)+\frac{1}{2}x_0^0(n)\right| \tag{4-25}$$

$$|\ s_i\ |=\left|\sum_{k=2}^{n-1}x_i^0(k)+\frac{1}{2}x_i^0(n)\right| \tag{4-26}$$

$$|\ s_0-s_i\ |=\left|\sum_{k=2}^{n-1}[x_i^0(k)-x_0^0(k)]+\frac{1}{2}[x_i^0(n)-x_0^0(n)]\right| \tag{4-27}$$

则称

$$\varepsilon_{oi}=\frac{1+|s_0|+|s_i|}{1+|s_0|+|s_i|+|s_i-s_0|} \tag{4-28}$$

为 X_0 与 X_i 的灰色绝对关联度，简称绝对关联度。

1. 灰色相对关联度

设序列 X_0、X_i 长度相同，且初值皆不等于零，X_0'、X_i'分别为 X_0、X_i 的初值像，则称 X_0'与 X_i'的灰色绝对关联度为 X_0 与 X_i 的灰色相对关联度，简称为相对关联度，记为 γ_{oi}。

相对关联度表征了序列 X_0 与 X_i 相对于始点的变化速率之间的关系，X_0 与 X_i 的变化速率越接近，γ_{oi}越大，反之越小。

2. 灰色综合关联度

设序列 X_0、X_i 长度相同，且初值皆不等于零，ε_{oi}、γ_{oi}分别为 X_0 与 X_i 的灰色绝对关联度和灰色相对关联度，$\theta\in[0,\ 1]$，则称

$$\rho_{oi}=\theta\varepsilon_{oi}+(1-\theta)\gamma_{oi} \tag{4-29}$$

为 X_0 与 X_i 的灰色综合关联度，简称综合关联度。

4.4.5　灰色关联序

灰色关联度 $\gamma(x_0,\ x_i)$简记为 γ_{oi}，点关联系数 $\gamma(x_0(k),\ x_i(k))$简记为 $\gamma_{oi}(k)$。可按下述步骤求灰色关联序：

(1)求各序列的初值像(或均值像)，令

$$X_i'=\frac{X_i}{x_i(1)}=(x'_i(1),x'_i(2),\cdots,x'_i(n)),i=0,1,2,\cdots,m \tag{4-30}$$

(2)求差序列，记

$$\Delta_i(k)=|x'_0(k)-x'_i(k)| \tag{4-31}$$

$$\Delta_i=(\Delta_i(1),\Delta_i(2),\cdots,\Delta_i(n)),\ i=0,1,2,\cdots,m \tag{4-32}$$

(3)求两极最大差与最小差，记

$$M=\max_i\max_k\Delta_i(k) \tag{4-33}$$

$$m = \min_i \min_k \Delta_i(k) \tag{4-34}$$

(4)求关联系数：

$$\gamma_{oi}(k) = \frac{m + ZM}{\Delta_i(k) + ZM}, Z \in (0,1), k = 1,2,\cdots,n, i = 1,2,\cdots,m \tag{4-35}$$

(5)计算关联度：

$$\gamma_{oi} = \frac{1}{n}\sum_{k=1}^{n}\gamma_{oi}(k), i = 1,2,\cdots,m \tag{4-36}$$

(6)排关联序。当 X_0 为系统特征行为序列，X_i、X_j 为相关因素行为序列，γ 为灰色关联度，若 $\gamma_{oi} \geqslant \gamma_{oj}$，则称因素 X_i 优于因素 X_j，记为 $X_i > X_j$，称“$>$”为由灰色关联度导出的灰色关联序。

4.5 中药质量灰色模式识别模型的构建

以定义的相对关联度为测度，可构建评价其化学质量的模式识别模型。

1. 选择参考序列

设有 n 个样品，每个样品有 m 项评价指标，这样就组成了评价单元序列$\{X_{ij}\}$(i=1, 2, …, n; j=1, 2, …, m)。用灰度关联法作为评价测度，首先要选择参考序列。设最优参考序列和最差参考序列分别为$\{X_{sj}\}$和$\{X_{tj}\}$，最优参考序列的各项指标是 n 个样品对应指标的最大值，最差参考序列的各项指标是 n 个样品对应指标的最小值。

2. 原始数据规格化处理

评价指标间通常存在测度不统一的问题，因此需对原始数据进行规格化：$Y_{ij} = x_{ij}/\overline{x}_j$，其中 Y_{ij} 为规格化处理后的数据，x_{ij} 为原始数据，$\overline{x}_j$ 为 n 个样品第 j 个指标的平均值。

3. 计算关联系数

相对于最优参考序列，关联系数：

$$\xi_{j(s)}^{i} = \frac{\Delta_{\min} + \rho\Delta_{\max}}{|Y_{ij} - Y_{sj}| + \rho\Delta_{\max}} \tag{4-37}$$

式中，$\Delta_{\min} = \min|Y_{ij} - Y_{sj}|$，$\Delta_{\max} = \max|Y_{ij} - Y_{sj}|$，$(i = 1,2,\cdots,n; j = 1,2,\cdots, m)$，$\rho$ 为分辨系数，取值为 0.5。

相对于最差参考序列，关联系数为

$$\xi_{j(t)}^{i} = \frac{\Delta_{\min} + \rho\Delta_{\max}}{|Y_{ij} - Y_{tj}| + \rho\Delta_{\max}} \tag{4-38}$$

式中，$\Delta_{\min} = \min|Y_{ij} - Y_{tj}|$，$\Delta_{\max} = \max|Y_{ij} - Y_{tj}|$，$(i = 1,2,\cdots,n; j = 1,2,\cdots, m)$，$\rho$ 为分辨系数，取值为 0.5。

4. 计算关联度

相对于最优参考序列，关联度为

$$R_i(s) = \frac{1}{m}\sum_{j=1}^{m}\xi_{j(s)}^{i} \tag{4-39}$$

相对于最差参考序列，关联度为

$$R_i(t) = \frac{1}{m}\sum_{j=1}^{m}\xi_{ij(s)} \tag{4-40}$$

5. 定义并计算相对关联度

$R_i(s)$越大，表明评价单元序列与最优参考序列的关联度越大，评价单元越佳；反之，$R_i(t)$越小，评价单元越好。理想的最佳评价单元应该是该评价单元与最优参考序列的关联程度最大而同时与最差参考序列的关联程度最小，故定义评价单元序列(X_{ij})同时相对于最优参考序列(X_{is})和最差参考序列(X_{it})的相对关联度为

$$R_i = \frac{R_i(s)}{R_i(s)+R_i(t)} \quad (i=1,2,\cdots,n) \tag{4-41}$$

显然，R_i 越大，评价单元的化学质量越佳。

4.6 中药质量研究

4.6.1 葛根

葛根始载于《神农本草经》，为豆科葛属植物野葛或甘葛藤的块根。野葛主要产于湖南、河南、广东、浙江、四川等地。《中药大辞典》："解肌发表，生津止渴，升阳止泻。主治外感发热、头项强痛、麻疹初起、疹出不畅、温病口渴、消渴病、泄泻、痢疾。葛根具有降血脂、抗肿瘤、益智、抗骨质疏松作用，可治疗高血压、冠心病，改善心脑血管系统功能。"《别录》："疗伤寒中风头痛，解肌发表出汗，开腠理，疗金疮，止痛，胁风痛……生根汁，疗消渴，伤寒壮热。"《药性论》："能治天行上气，呕逆，开胃下食，主解酒毒，止烦渴。熬屑治金疮，治时疾寒热。"《本草拾遗》："生者破血，合疮，堕胎。解酒毒，身热赤，酒黄，小便赤涩。可断谷不饥。"

中草药是中华民族的瑰宝，堪称我国的第五大发明。千百年来人们一直在探索其功效与成分的关系。微量元素与人体健康密切相关，近年来中药中微量元素的研究受到人们广泛的关注。有关实验和文献证明，微量元素是打通药物与药效的通道，中药的功效除了与微量元素的含量有关外，还与中药中微量元素含量比例有关，中药功效与微量元素之间存在一种内在关系，并且与微量元素的生物活性有关。

葛根富含多种人体所必需的微量元素，因此，不同产地葛根中微量元素和人

体健康的关系研究具有重要意义。选取我国不同地区广东、广西、云南、山西平陆县和山西陵川县葛根中Na、Mg、K、Ca、Mn、Fe、Cu、Zn作为分析样本[11]。

灰色模式识别是灰色计量学中最常用的方法之一，是求各个方案与由最佳指标组成的理想方案的关联系数，由关联系数得到关联度，再按关联度的大小进行排序、分析，得出结论。这种方法优于经典的精确数学方法，通过把意图、观点和要求概念化、模型化，使所研究的灰色系统从结构、模型、关系上逐渐由黑变白，使不明确的因素逐渐明确。灰色模式识别分析给人们提供了一种分析因素之间相互关系的方法，无论样本量多少和样本有无规律都同样适用，数据和样本可以不具有统计学意义，这不仅弥补了采用数理统计方法（主成分分析、因子分析等）作系统分析所导致的缺憾，而且计算量小，十分方便。表4-2所示为部分原始数据经规格化后的数据。

表 4-2 原始数据经规格化后的数据（部分）

样品	广东	广西	云南	山西平陆县	山西陵川县
Na	0.871 1	1.017 8	1.386 3	0.852 6	0.872 2
Mg	0.974 7	1.079 5	0.977 6	1.005 7	0.962 6
K	0.740 9	0.611 3	0.961 7	1.242 9	1.443 2
Ca	0.968	1.103	0.943 8	0.965 8	1.019 4
Mn	1.013 2	0.606 8	0.890 8	1.498 8	0.990 4
Fe	1.013 6	0.398 1	0.621 6	2.056 2	0.910 5
Cu	0.859 5	2.032 8	0.838 7	0.720 6	0.548 5
Zn	1.031 2	1.537 6	0.991 5	0.701 2	0.738 6

按上述灰色模式识别方法步骤，运用灰色计量学方法，结合MATLAB2013软件进行灰色关联分析，计算出灰色关联系数和关联度。不同产地葛根相对于参考序列的关联系数、关联度及排名见表4-3。

表 4-3 不同产地葛根相对于参考序列的关联系数、关联度及排名

项目		广东	广西	云南	山西平陆县	山西陵川县
关联系数	Na	0.616 7	0.692 3	1.000 0	0.608 4	0.617 2
	Mg	0.887 8	1.000 0	0.890 5	0.918 3	0.876 4
	K	0.541 4	0.499 1	0.632 6	0.805 4	1.000 0
	Ca	0.860 0	1.000 0	0.838 9	0.858 0	0.908 4
	Mn	0.630 6	0.481 7	0.576 9	1.000 0	0.619 9
	Fe	0.443 0	0.333 3	0.366 2	1.000 0	0.419 8
	Cu	0.414 0	1.000 0	0.409 8	0.387 2	0.358 4
	Zn	0.620 8	1.000 0	0.602 9	0.497 8	0.509 2
关联度 $R_i(s)$		0.626 8	0.750 8	0.664 7	0.759 4	0.663 7
排名		5	2	3	1	4

由灰色模式识别结果可知，我国广东、广西、云南、山西平陆县和山西陵川县的葛根中含有 8 种微量元素：Na、Mg、K、Ca、Mn、Fe、Cu、Zn，高低顺序为：山西平陆县＞广西＞云南＞山西陵川县＞广东。不同产地葛根质量优劣的综合评价结果：山西平陆县、广西、云南葛根药材分列前三名，质量最好；广东葛根药材质量最差。

4.6.2　甘草

《中药大辞典》："甘草为豆科甘草属植物甘草、光果甘草、胀果甘草的根及根茎；功用主治和中缓急，润肺，解毒，调和诸药。炙用治脾胃虚弱，倦怠食少，腹痛便溏，四肢挛急疼痛，心悸，脏躁，肺痿咳嗽，生用治咽喉肿痛，痈疮肿毒，小儿胎毒，以及药物、食物中毒。"甘草主要产于内蒙古、甘肃、新疆、宁夏等地。《本经》："主五脏六腑寒热邪气，坚筋骨，长肌肉，倍力，金疮肿，解毒。"《别录》："温中下气，烦满短气，伤脏咳嗽，止渴，通经脉，利血气，解百药毒。"《药性论》："主腹中冷痛，治惊痫，除腹胀满；补益五脏；制诸药毒；养肾气内伤，令人阴(不)痿，主妇人血沥腰痛，虚而多热，加而用之。"《日华子》："安魂定魄，补五劳七伤，一切虚损、惊悸、烦闷、健忘。通九窍，利百脉，益精养气，壮筋骨，解冷热，入药炙用。"《本经逢原》："能和冲脉之逆，缓带脉之急。"《药性集要》："缓正气，和肝，止痛，生肌肉，养阴血，悸安。"《用药心法》："热药用之缓其热，寒药用之缓其寒。""炙之散表寒，除邪热，去咽痛，除热，缓正气，缓阴血，润肺。"甘草的化学成分主要为三萜皂苷类和不同类型的黄酮及其苷类化合物。生物活性研究结果表明，甘草酸具有抗病毒、抗炎、抗肿瘤等多种药理学活性。甘草总黄酮具有显著的抗肿瘤、抗氧化等生物活性。甘草有非常重要的药用医用价值，因此定性和定量分析苷草的化学成分以及对不同产地甘草质量等级进行评价具有非常重要的现实意义。选取我国不同产地新疆塔城栽培品(编号 1 号)、新疆塔城野生品(编号 2 号)、新疆塔城栽培品制霜(编号 3 号)、内蒙古杭锦旗野生品(编号 4 号)、新疆巩留野生品(编号 5 号)、新疆布尔津野生品(编号 6 号)、内蒙古额济纳野生品(编号 7 号)、吉林白城野生品(编号 8 号)、吉林白城栽培品(编号 9 号)、内蒙古赤峰栽培品(编号 10 号)、甘肃酒泉栽培品(编号 11 号)、山西古城野生品(编号 12 号)、山西古城栽培品(编号 13 号)甘草中芹糖基甘草苷 X_1、甘草苷 X_2、芹糖基异甘草苷 X_3、异甘草苷 X_4、甘草查尔酮 B X_5、甘草素 X_6、刺甘草查尔酮 X_7、异甘草素 X_8、甘草酸 X_9 作为分析样本[12]。采用灰色关联度分析和灰色系统聚类方法，构建灰色计量学模型，综合评价不同产地甘草的质量，为甘草中药质量评价提供了一种全新的方法，具有非常重要的理论意义和应用价值，见表 4-4 和表 4-5。

表 4-4　原始数据经标准化后的数据

编号	X_1	X_2	X_3	X_4	X_5	X_6	X_7	X_8	X_9
1	−0.577	−0.664	−0.573	−0.613	−0.568	−0.449	−0.582	−0.509	−0.548
2	0.335	−0.594	0.568	−0.460	1.711	−0.179	2.343	−0.216	0.088
3	2.904	−0.624	2.866	−0.271	2.602	2.963	2.087	3.303	2.086
4	−0.100	0.333	−0.180	−0.047	−0.386	−0.351	−0.326	−0.417	−0.328
5	0.417	−0.455	0.209	−0.505	−0.436	−0.367	−0.363	−0.124	−0.756
6	−0.699	−0.571	−0.714	−0.437	−0.551	−0.359	−0.253	−0.252	−0.090
7	0.273	−0.571	0.287	−0.626	0.324	−0.498	−0.326	−0.161	−0.534
8	0.407	0.549	0.437	0.488	−0.502	1.158	−0.582	−0.252	0.096
9	−0.892	−0.591	−0.919	−0.608	−0.353	−0.539	−0.582	−0.307	−1.080
10	−0.602	−0.312	−0.673	−0.473	−0.403	−0.523	−0.582	−0.381	−0.816
11	−0.846	−0.661	−0.854	−0.675	−0.518	−0.523	−0.582	−0.087	−0.866
12	−0.046	2.100	0.044	2.486	−0.452	0.076	−0.034	−0.197	1.354
13	−0.575	2.062	−0.498	1.741	−0.469	−0.408	−0.217	−0.399	1.394

表 4-5　不同产地甘草相对于参考序列的关联系数、关联度及质量等级

编号	关联系数									关联度	质量等级
1	−0.58	−0.66	−0.57	−0.61	−0.57	−0.45	−0.58	−0.51	−0.55	0.38	11
2	0.34	−0.59	0.57	−0.46	1.71	−0.18	2.34	−0.22	0.09	0.51	4
3	2.90	−0.62	2.87	−0.27	2.60	2.96	2.09	3.30	2.09	0.86	1
4	−0.10	0.33	−0.18	−0.05	−0.39	−0.35	−0.33	−0.42	−0.33	0.41	6
5	0.42	−0.46	0.21	−0.51	−0.44	−0.37	−0.36	−0.12	−0.76	0.40	8
6	−0.70	−0.57	−0.71	−0.44	−0.55	−0.36	−0.25	−0.25	−0.09	0.39	9
7	0.27	−0.57	0.29	−0.63	0.32	−0.50	−0.33	−0.16	−0.53	0.41	7
8	0.41	0.55	0.44	0.49	−0.50	1.16	−0.58	−0.25	0.10	0.45	5
9	−0.89	−0.59	−0.92	−0.61	−0.35	−0.54	−0.58	−0.31	−1.08	0.37	13
10	−0.60	−0.31	−0.67	−0.47	−0.40	−0.52	−0.58	−0.38	−0.82	0.38	10
11	−0.85	−0.66	−0.85	−0.68	−0.52	−0.52	−0.58	−0.09	−0.87	0.37	12
12	−0.05	2.10	0.04	2.49	−0.45	0.08	−0.03	−0.20	1.35	0.57	2
13	−0.58	2.06	−0.50	1.74	−0.47	−0.41	−0.22	−0.40	1.39	0.52	3

由表 4-5 可知，新疆塔城栽培品制霜(关联度为 0.86)甘草质量最好。山西古城野生品、山西古城栽培品、新疆塔城野生品等(关联度依次为 0.57、0.52、0.51)甘草质量较好。新疆塔城栽培品、内蒙古杭锦旗野生品、新疆巩留野生品、新疆

布尔津野生品、内蒙古额济纳野生品、吉林白城野生品、吉林白城栽培品、内蒙古赤峰栽培品、甘肃酒泉栽培品等甘草质量一般。该研究以不同产地甘草药材中主要有效成分含量为药材质量评价指标，较单纯地以甘草中单一有效成分含量评价药材质量更为科学。

参考文献

Reference

[1] 邓聚龙．灰色系统(社会·经济)[M]．北京：国防工业出版社，1985.

[2] 沈珍瑶，谢彤芳．环境质量评价中若干评价方法的比较[J]．干旱环境监测，1998，12(1)：25－27.

[3] 王连生．环境模糊系统及其应用[M]．长春：吉林大学出版社，1981.

[4] 徐福留，周家贵，李本纲，等．城市环境质量多级模糊综合评价[J]．城市环境与城市生态，2001，14(2)：13－15.

[5] 徐国祥．统计预测和决策[M]．上海：上海财经大学出版社，1998.

[6] 邓聚龙．灰色控制系统[M]．2 版．武汉：华中理工大学出版社，1997.

[7] 邓聚龙．灰预测与灰决策[M]．武汉：华中科技大学出版社，2002.

[8] 郭洪．灰色系统关联度的分辨系数[J]．模糊数学，1985，2(5)：55－58.

[9] 李万绪．基于灰色关联度的聚类分析方法及其应用[J]．系统工程，1990(5)：37－44.

[10] 张绍良，张国良．灰色关联度计算方法比较及其存在问题分析[J]．系统工程，1996，3(14)：45－47.

[11] 李桂兰，刘计权，刘亚明，等．不同产地葛根中微量元素含量的测定[J]．中华中医药杂志(原中国医药学报)，2013，28 (7)：2088－2091.

[12] 张友波，徐嵬，杨秀伟，等．RP-HPLC 法同时测定不同产地甘草中 9 个主要成分的含量[J]．药物分析杂志，2013，33 (2)：214－218.

第5章　主成分分析在化学中的应用

5.1　主成分分析的概念

主成分分析(Principal Components Analysis，PCA)又称主分量分析，是一种利用降维的思想，把多指标转化为少数几个综合指标的技术，是一种将多个变量化为少数综合变量，即进行特征线性组合的模式识别方法，是通过适当的数学变换、最大限度地保留原样本集所含原始信息、使新变量成为原变量的线性组合并寻求主成分来研究样本的一种方法[1-4]。

为了全面、系统地分析问题，必须考虑众多影响因素，这些因素一般称为指标，在多元统计分析中也称为变量，每个变量都在不同程度上反映了所研究问题的某些信息，并且指标之间彼此有一定的相关性，所得的统计数据反映的信息在一定程度上有重叠。在用统计方法研究多变量问题时，变量太多会增加计算量和分析问题的复杂性，人们希望在进行定量分析的过程中，涉及的变量较少，得到的信息量较多，主成分分析正是为了适应这一要求，它是解决这类问题的理想工具[5-8]。

5.2　主成分分析的基本原理

主成分分析是把原来多个变量线性或非线性降维化为少数几个综合指标的一种统计分析方法，使这些较少的综合指标既能尽量多地反映原来较多指标所反映的信息，同时它们之间又是彼此独立的。假定有 n 个样本，每个样本共有 p 个变量描述，这样就构成了一个 $n\times p$ 阶的指纹数据矩阵：

$$\boldsymbol{Z}=\begin{bmatrix} z_{11} & z_{12} & \cdots & z_{1p} \\ z_{21} & z_{22} & \cdots & z_{2p} \\ M & M & \cdots & M \\ z_{n1} & z_{n2} & \cdots & z_{np} \end{bmatrix}$$

最简单的变换形式就是取原来变量指标的线性组合，适当调整组合系数，使新的变量指标之间相互独立且代表性最好。

5.3　主成分分析的计算步骤

(1)先将原始数据作标准化处理，再计算相关系数矩阵 $\boldsymbol{R}$。

(2)计算 R 特征值与特征向量。首先解特征方程 $|\lambda_i-\boldsymbol{R}|=0$ 求出特征值 λ_i $(i=1, 2, \cdots, p)$，并使其按大小顺序排列，即 $\lambda_1\geqslant\lambda_2\geqslant\cdots\geqslant\lambda_p\geqslant0$；然后分别求出对应于特征值 λ_i 的特征向量 $e_i(i=1, 2, \cdots, p)$。

(3)计算主成分贡献率及累计贡献率。

主成分贡献率：

$$r_i\Big/\sum_{k=1}^{p}\gamma_k \quad (i=1,2,\cdots,p)$$

累计贡献率：

$$\sum_{k=1}^{m}\gamma_k\Big/\sum_{k=1}^{p}\gamma_k$$

一般取累计贡献率达 85%～95%的特征值 λ_1，λ_2，…，λ_m 对应第一，第二，…，第 $m(m\leqslant p)$个主成分。

(4)计算主成分载荷(因子载荷表示变量与因子之间的相关性质)：

$$P(z_k,x_i)=\sqrt{\gamma_k}\,e_{ki} \quad (i,k=1,2,\cdots,p)$$

由此可以进一步计算主成分得分：

$$\boldsymbol{Z}=\begin{pmatrix} z_{11} & z_{12} & \cdots & z_{1p} \\ z_{21} & z_{22} & \cdots & z_{2p} \\ M & M & \cdots & M \\ z_{n1} & z_{n2} & \cdots & z_{np} \end{pmatrix}$$

5.4　主成分分析的应用

5.4.1　青海高原地木耳中微量元素的主成分分析和聚类分析

1. 引言

地木耳，学名地皮菜，别称地软、地耳，属念珠藻科藻菌植物。地木耳营养丰富，尤其含有大量的 Cu、Zn、Fe、Mn、Co、Se 等人体必需有益的微量元素。本书通过主成分分析和因子分析，对青海高原地木耳中微量元素进行综合评价，为大规模开发青海高原地木耳资源提供有力的科学依据。

2. 主成分分析过程

(1)青海高原地木耳中微量元素的主成分分析。

1)青海高原地木耳中微量元素的原始数据见表 5-1。[9]

表 5-1　青海高原地木耳中微量元素含量　　$\times 10^{-6}\ \mu g/kg$

地区	Cu	Zn	Fe	Mn	Co	Se
海北州	10.14	310.7	483.5	751.6	1.53	0.115
海南州	10.31	336.1	451.7	824.4	1.42	0.107
海西州	10.67	326.3	468.0	909.1	1.46	0.114
黄南州	9.76	306.5	429.3	780.4	1.37	0.103
西宁市	9.86	276.8	405.0	487.0	1.32	0.101

2)原始数据标准化。对原始数据标准化，即对同一变量减去其平均值，再除以标准差，以消除原始数据之间的量纲影响，使标准化后的数据具备可比性，并遵从正态分布规律(0，1)。

3)调用 PASW Statistics 17.0 进行主成分分析，得到青海高原地木耳中微量元素的相关系数矩阵，见表 5-2。

表 5-2　相关系数矩阵

主成分	Cu	Zn	Fe	Mn	Co	Se
Cu	1.000					
Zn	0.715	1.000				
Fe	0.670	0.689	1.000			
Mn	0.686	0.914	0.721	1.000		
Co	0.578	0.576	0.987	0.609	1.000	
Se	0.744	0.570	0.965	0.642	0.957	1.000

从表 5-2 的各相关系数可以看出，100% 的数据的绝对值大于 0.300，各变量两两之间有较大的相关系数，因此，适宜用主成分分析法来研究变量之间的关系。

4)相关系数的特征根和方差贡献率见表 5-3。

表 5-3　相关系数的特征根和方差贡献率

主成分	Cu	Zn	Fe	Mn	Co	Se
特征根	4.687	0.835	0.385	9.354E−02	2.015E−16	−5.07E−17
方差贡献率/%	78.111	13.915	6.415	1.559	3.359E−15	−8.457E−16
累计贡献率/%	78.111	92.026	98.441	100.000	100.000	100.000

由表5-3可知，前两个主成分累计贡献率达到92.026%>85%，故选前两个主成分，它代表了青海高原地木耳中微量元素92.026%的信息。

5)对初始因子载荷量进行分析(表5-4)。

表5-4　初始因子载荷量

变量	Cu	Zn	Fe	Mn	Co	Se
1	0.823	0.834	0.956	0.857	0.897	0.927
2	0.217	0.494	−0.268	0.422	−0.415	−0.348

表5-4中每个载荷量表示主成分与对应变量的相关系数，第一个主成分在前6个指标前的系数比较大，几乎反映了地木耳中微量元素的所有信息。

6)计算主成分量(表5-5)及综合主成分量(表5-6)。根据主成分量计算公式可以得到前两个主成分量与原6项指标的线性组合如下：

$F_1 = 0.3801Z_{Cu} + 0.3852Z_{Zn} + 0.4416Z_{Fe} + 0.3959Z_{Mn} + 0.4143Z_{Co} + 0.4282Z_{Se}$

$F_2 = 0.2375Z_{Cu} + 0.5406Z_{Zn} - 0.2933Z_{Fe} + 0.4618Z_{Mn} - 0.4542Z_{Co} - 0.3808Z_{Se}$

综合主成分量($F=0.78111F_1+0.13915F_2$)并排名。

表5-5　主成分量

主成分量	Cu	Zn	Fe	Mn	Co	Se
F_1	0.380 1	0.385 2	0.441 6	0.395 9	0.414 3	0.428 2
F_2	0.237 5	0.540 6	−0.293 3	0.461 8	−0.454 2	−0.380 8

表5-6　综合主成分量

地区	F_1	序	F_2	序	F	序
海北州	1.532 6	2	−1.394 0	5	1.003 1	2
海南州	0.766 8	3	0.933 1	1	0.728 8	3
海西州	2.096 5	1	0.380 2	3	1.690 5	1
黄南州	−1.263 9	4	0.473 5	2	−0.921 3	4
西宁市	−3.132	5	−0.392 8	4	−2.501 1	5

(2)对青海高原地木耳中微量元素的因子分析。在主成分分析的基础上，对因子载荷量进行四次方最大化正交旋转，使各原变量在各公共因子上的载荷两极分化，即进行因子分析。

1)因子旋转(因子分析)见表 5-7。

表 5-7　旋转后的因子载荷量

主成分量	Cu	Zn	Fe	Mn	Co	Se
F_1	0.461	0.283	0.887	0.348	0.943	0.920
F_2	0.715	0.927	0.447	0.889	0.299	0.368

2)因子解释。因子分析的目的之一是鉴别有实际意义的因子，经过旋转后的旋转因子矩阵得到有意义的因子(表 5-7)，第一公共因子 F_1 在指标 Fe、Co、Se 上有较大的载荷，第二公共因子 F_2 在指标 Cu、Zn、Mn 上有较大的载荷。

3. 聚类分析过程

聚类分析是数理统计的一种方法，适用于试样归属不清楚的情况，它的中心思想是首先定义试样之间的距离。在各自成类试样中，将距离最近的两类合并，重新计算新类与其他类间的距离，并按最小距离归类，重复此过程，每次减少一类，直到所有的试样成为一类为止。本书采用样本聚类分析，在方法上采用欧氏距离测量，两样本间用 Average linkage 法连接，按顺序作图，得出图 5-1。

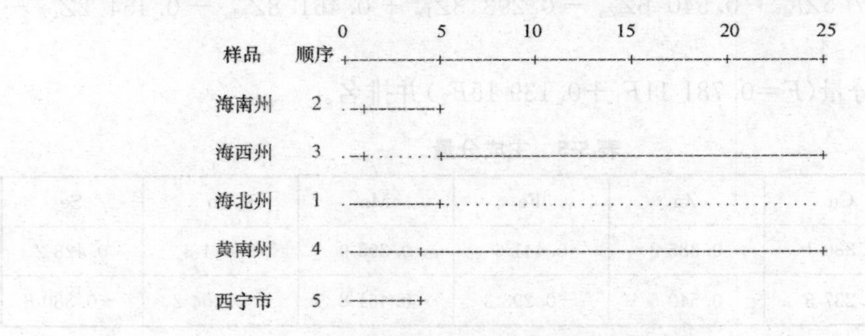

图 5-1　层次聚类分析的树形图

4. 结果与讨论

(1)由表 5-2 可知，Fe 与 Co、Se 相关极显著，Mn 与 Zn 相关极显著。

(2)由表 5-5 可知，Fe 的第一主成分值最大，说明青海高原地木耳中微量元素 Fe 的影响最大。

(3)由表 5-6 可知，青海高原地木耳中微量元素含量高低顺序为：海西州居首位，其次为海北州、海南州、黄南州、西宁市，海西州和海北州地区地木耳中微量元素较丰富，且海西州的地木耳中微量元素含量远高于西宁市。

(4)由表 5-7 可知，在这两个主因子中最重要的是第一主因子，与之有关的微量元素与中药中有机物形成配合物和盐类，从而起到发汗解热作用，同时具有抗菌作用，因此，青海民间将地木耳视为山珍。因具有清热解毒、凉血明目等功效，第一主因子中的 Fe 具有广泛的生理功能和生物学作用，它不仅与造血功能密切相关，还与能量代谢有密切关系。几乎所有组织都含有 Fe，Fe 是人体发育的“建筑材料”，是血红蛋白的重要组成部分和血液中输送氧和交换氧的重要元素，又是许多酶的组成成分和氧化还原反应酶的激活剂，Se 是参与免疫功能的一种重要元素，对免疫功能具有营养和调节作用。第二主因子中的 Cu 是人体必需微量元素之一，参与人体生命活动，人和动物都需要 Cu 制造红细胞和血红蛋白，Cu 与血的代谢有关。现代医学发现，Cu 与某些药物结合具有抗风湿作用。Zn 有许多药理作用，参与体内 200 余种酶的合成与激活，参与体内蛋白质、DNA 和 RNA 合成。Mn 是公认的抑癌元素，是人体内各酶的组成成分，Mn 参与造血过程，还有抗衰老和预防癌症的作用。

(5)用主成分聚类的定量分析方法对地木耳进行综合评价并分类，所得结论客观、可信、较有说服力，利用得到的主成分指标组成新矩阵，作为聚类分析的样本矩阵，原理清晰，计算简单，大大减少了计算工作量。从图 5-1 可以看出，当样本聚为三类时，海北州为一类，该地区地木耳中 Fe 、Se 含量在所有的样本中最高；海南州、海西州聚为一类，这些地区地木耳中 Fe 、Se 含量在所有的样本中居中；西宁市、黄南州聚为一类，该地区地木耳中 Fe 、Se 含量在所有的样本中最低，这与主成分分析的结果一致。

5.4.2　青海牦牛骨主要矿物质元素的主成分分析

1. 引言

青海省具有丰富的牦牛骨资源，传统藏医、蒙医和西北高原中医都将青藏高原特有的牦牛骨作为珍贵的药材。藏医药学经典著作《晶珠本草》记载，藏药牦牛骨有祛寒、增热量、生胃火、治胃寒等功效。青藏高原牦牛骨中 Pb、Cd 等有害微量元素极低，均小于 0.5×10^{-6} μg/kg，无潜在影响。因此，本书通过对牦牛骨中 K、Na、Ca、Mg、P、Fe、Cu、Zn、Mn、Ni 等 10 种元素进行主成分分析，为大规模合理开发牦牛骨资源，以及为藏药牦牛骨的药物功效学及其微量元素的研究提供科学的依据和理论基础。

2. 数理统计原理

(1)主成分分析。主成分分析是一种最古老的多元统计分析技术。Pearcon 在 1901 年的生物学理论研究中首次引入主成分分析的概念。1933 年，Hotelling 将其用于心理学研究，对主成分分析进行了发展。1947 年，Karhunen 独立地用概率论的形式再次将其显现出来。主成分分析是一种降维或把多个指标化为少数几个综合指标的统计分析方法。假设有来自某个总体的 n 个样本，而每个样本测得 p 个指标数，这 p 个指标之间往往互有影响，需要从 p 个指标中去寻找少数几个综合性的指标，而这几个综合性的指标既能反映原来 p 个指标的信息，又能达到彼此之间互不相关。

假设原来的变量指标为 x_1，x_2，…，x_p，它们的综合指标——新变量指标为

y_1，y_2，…，$y_m(m \leqslant p)$，则可将 $x=(x_1, x_2, \cdots, x_p)$的 p 个指标综合成 m 个新指标，新的指标可以由原来的指标 x_1，x_2，…，x_p 线性表示，即

$$\begin{cases} y_1=\mu_{11}x_1+\mu_{12}x_2+\cdots+\mu_{1p}x_p \\ y_2=\mu_{21}x_1+\mu_{22}x_2+\cdots+\mu_{2p}x_p \\ \quad\vdots \\ y_m=\mu_{m1}x_1+\mu_{m2}x_2+\cdots+\mu_{mp}x_p \end{cases}$$

式中，系数 μ_{ij} 由下列原则确定：

1)y_i 与 $y_j(i \neq j, i, j=1, 2, \cdots, m)$相互无关。

2)y_1 是 x_1，x_2，…，x_p 的一切线性组合中方差最大者；y_2 是与 y_1 不相关的 x_1，x_2，…，x_p 的所有线性组合中方差最大者；y_m 是与 y_1，y_2，…，y_{m-1}都不相关的 x_1，x_2，…，x_p 的所有线性组合中方差最大者。

这些新变量指标 y_1，y_2，…，y_m 分别称为原变量指标 x_1，x_2，…，x_p 的第 1，第 2，…，第 m 个主成分，其中 y_1 的方差在总方差中占的比例最大，y_1，y_2，…，y_m 依次递减。在实际分析中，通常只挑选前几个方差最大的主成分，既可抓住问题实质，同时也简化了系统结构。

从以上分析可以看出，找主成分就是确定原来变量 $x_j(j=1, 2, \cdots, p)$在诸主成分 $y_i(i=1, 2, \cdots, m)$上的载荷 $\mu_{ij}(i=1, 2, \cdots, m; j=1, 2, \cdots, p)$，即分别为 x_1，x_2，…，x_p 的相关矩阵的 m 个较大特征值的对应特征向量。

主成分分析方法的基本步骤是：①对原始指标进行标准化处理，以消除量纲不同的影响；②求无量纲后的相关系数矩阵 $\boldsymbol{R}$；③求 $\boldsymbol{R}$ 的特征值、特征向量和贡献率；④确定主成分的个数，本书按照特征值大于 1 和累计贡献率(即主成分解释的方差占总体方差的比例)大于 85% 的原则提取主成分因子；⑤对主成分因子的意义作解释，一般由权重较大的几个指标的综合意义来确定；⑥求各主成分的得分并计算综合得分。

在主成分分析中，一般认为大于 0.30 的载荷就是显著的。本书选取大于 0.50 的负载，使其能更好地解释原始变量。

(2)藏药牦牛骨主要矿物质元素的原始数据。藏药牦牛骨主要矿物质元素的原始数据见表 5-8[10]。

表 5-8 牦牛骨中主要矿物质元素含量 $\times 10^{-6}$ μg/kg

部位	K	Na	Ca	Mg	P	Fe
头骨	2 856	4 562	62 510	1 134	41 806	17.25
肋骨	2 539	4 406	59 862	1 306	39 463	9.282
肢骨	2 548	4 454	61 365	1 275	40 764	12.67
脊椎骨	2 684	4 538	61 287	1 204	41 012	15.81

续表

部位	Cu	Zn	Mn	Ni	Cd	Pb
头骨	4.024	51.68	0.496	0.085	0.025	0.247
肋骨	1.297	46.46	0.327	0.196	0.267	0.275
肢骨	2.035	45.13	0.412	0.134	0.114	0.254
脊椎骨	2.752	49.42	0.466	0.153	0.158	0.282

(3)原始数据标准化。对原始数据标准化，即对同一变量减去其平均值，再除以标准差，以消除原始数据之间的量纲影响，使标准化后的数据具备可比性，并遵从正态分布规律(0，1)。

3. 结果与分析

(1)藏药牦牛骨主要矿物质元素的相关系数矩阵见表 5-9。

表 5-9　相关系数矩阵

主成分	K	Na	Ca	Mg	P	Fe	Cu	Zn	Mn	Ni
K	1.000									
Na	0.910	1.000								
Ca	0.834	0.865	1.000							
Mg	−0.985	−0.966	−0.889	1.000						
P	0.848	0.925	0.987	−0.916	1.000					
Fe	0.886	0.991	0.915	−0.953	0.965	1.000				
Cu	0.972	0.946	0.938	−0.991	0.949	0.951	1.000			
Zn	0.964	0.881	0.676	−0.937	0.720	0.824	0.890	1.000		
Mn	0.854	0.976	0.933	−0.932	0.978	0.996	0.938	0.774	1.000	
Ni	−0.807	−0.780	−0.985	0.842	−0.945	−0.838	−0.907	−0.625	−0.858	1.000

从表 5-9 的各相关系数可以看出，100％ 的数据的绝对值大于 0.30，各变量两两之间有较大的相关系数，因此，适宜用主成分分析法来研究变量之间的关系。

(2)相关系数的特征根和方差贡献率见表 5-10。第一个主成分累计贡献率达到 91.026％>85％，特征根 $\lambda=9.103>1.000\ 0$，故选第一个主成分，它代表了藏药牦牛骨中矿物质元素 91.026％的信息。

表 5-10　相关系数的特征根和方差贡献率

主成分	特征根	方差贡献率/％	累计贡献率/％
1	9.103	91.026	91.026
2	0.639	6.393	97.419
3	0.258	2.581	100.000
4	5.869E−16	5.869E−15	100.000
…	…	…	…

(3)对初始因子载荷阵进行分析，见表 5-11。表 5-11 中每个载荷量表示主成分与对应变量的相关系数，第一个主成分在前 10 个指标前的系数比较大，几乎反映了牦牛骨中矿物质元素 K、Na、Ca、Mg、P、Fe、Cu、Zn、Mn、Ni 的所有信息。

表 5-11 初始因子载荷阵

主成分	K	Na	Ca	Mg	P	Fe	Cu	Zn	Mn	Ni
F_1	0.949	0.970	0.947	−0.987	0.969	0.978	0.994	0.868	0.970	−0.901

(4)计算主成分量(表 5-12)及综合主成分量(表 5-13)。根据主成分量计算公式可以得到第一个主成分与原 10 项指标的线性组合如下：

表 5-12 主成分量

主成分	K	Na	Ca	Mg	P	Fe	Cu	Zn	Mn	Ni
F_1	0.315	0.321	0.314	−0.327	0.321	0.324	0.329	0.288	0.321	−0.299

表 5-13 综合主成分量

部位	F_1	序	F	序
头骨	3.620	1	3.296	1
脊椎骨	0.948	2	0.863	2
肢骨	−1.091	3	−0.993	3
肋骨	−3.478	4	−3.166	4

$$F_1=0.315Z_{K}+0.321Z_{Na}+0.314Z_{Ca}-0.327Z_{Mg}+0.321Z_{P}+0.324Z_{Fe}+0.329Z_{Cu}+0.288Z_{Zn}+0.321Z_{Mn}-0.299Z_{Ni}$$

综合主成分量($F=0.910\ 26F_1$)并排序。

4. 结论

(1)由表 5-9 可知，K 与 Na、Ca、P、Fe、Cu、Zn、Mn 相关极显著，Fe 与 Mn 相关极显著，Mg 与 Cu、K 显著负相关。

(2)由表 5-12 可知，Cu 的第一主成分值最大，说明藏药牦牛骨中微量元素 Cu 的影响最大，其次为 Fe、Mn、Zn。微量元素不仅对人体的正常生长发育起着积极作用，而且对人体的其他生命活动也有着极为重要的作用。牦牛骨中的常量元素 K、Ca、Mg 含量非常丰富，提示牦牛骨可作为良好的补钙、补钾剂。牦牛骨中含有 Fe、Zn、Mn、Cu 等人体必需有益的微量元素。Cu、Fe、Mn、Zn 是人体内抗自由基物质的主要成分，具有抑制脂质过氧化物对组织的损伤和抗氧化作用，它们均有抗衰老的作用。缺 Cu 使骨的矿化出现障碍而引起老年骨质疏松症。Fe 参与造血，是红细胞中血红素的重要成分，从牦牛骨中不断地摄取 Fe，可防止缺铁性贫血。Zn 对人体免疫系统和防御功能具有重大作用，是维持生命活动的关键因子。Mn 参与造血、氧化还原、钙磷代谢、骨骼形成，促进生长发育。

(3)藏药牦牛骨中头骨、脊椎骨、肢骨、肋骨的矿物质元素含量高低顺序为：头骨居首位，其次为脊椎骨、肢骨、肋骨，头骨和脊椎骨中的矿物质元素较丰富，且头骨中的矿物质元素含量远高于肋骨。

参考文献

Reference

[1] 周利兵．青海高原地木耳中微量元素的化学计量学研究[J]．安徽农业科学，2010，38(17)：8936－8937.

[2] 武德传，周冀衡，李晓忠，等．湖南和云南烤烟单料烟感官质量因子分析[J]．中国烟草学报，2010，16(1)：27－30.

[3] 程滨，赵永军，张文广，等．生态化学计量学研究进展[J]．生态学报，2010，30(6)：1628－1637.

[4] 周利兵，姜紫勤，吴启勋．青海地区植物白刺叶中微量元素的主成分分析和聚类分析[J]．安徽农业科学，2010，38(13)：6649－6650，6652.

[5] 周利兵．青海牦牛骨主要矿物质元素的主成分分析[J]．云南民族大学学报(自然科学版)，2006，15(2)：141－143，149.

[6] 周利兵．青海高原地木耳中微量元素的综合评价[J]．微量元素与健康研究，2007，24(1)：24－25.

[7] 周利兵，吴启勋．青海地区植物白刺叶中微量元素的主成分分析[J]．微量元素与健康研究，2006，23(5)：25－27.

[8] 许国根，许萍萍．化学化工中的数学方法及 MATLAB 实现[M]．北京：化学工业出版社，2008.

[9] 周世萍，李天才．青海高原地木耳中微量元素分析及特征[J]．广东微量元素科学，2001，8(8)：46－48.

[10] 李天才，索有瑞．藏药牦牛骨主要矿物质元素及其特征[J]．广东微量元素科学，2002，9(4)：53－55.

第 6 章　聚类分析在化学中的应用

聚类分析起源于植物学的一个分支，植物学家为了研究生物的演变规律，在植物分类学中，是按照门、纲、目、科、属、种来进行分类的。为了认识客观物质世界，人们将自然科学分成很多学科。事实上，分门别类地对事物进行研究，要远比在一个混杂多变的集合中进行研究更清晰、明了和细致，这是由于同一类事物会具有更多的近似特性。聚类分析的主要思想是通过对观测数据进行分析处理，根据数据的特征，按照其在性质上的接近程度对观测对象进行分类，并且最终实现类群内个体的结构特征具有高相似性，不同类群间的个体差异显著。同时，聚类分析是一种无监督的分类方法，是在没有先验知识的条件下完成的，即不事先给定分类标准，其是在探索数据内在结构的基础上自动实现分类的。

6.1　聚类分析的基本概念

聚类是一个将数据集划分为若干组或类的过程，并使得同一组内的数据对象具有较高的相似度，而不同组中的数据对象则是不相似的，相似或不相似的度量是基于数据对象描述的取值来确定的，通常就是利用各数据对象间的距离来描述的。将一群物理的或抽象的对象根据它们之间的相似程度分成若干组，其中相似的对象构成一组，这一过程就称为聚类过程。一个聚类就是由一组彼此相似的对象构成的集合。聚类分析就是从给定的数据集中找到数据对象之间存在的有价值的关联。聚类分析本身是一种属于无监督学习系统的模式识别方法，也称群分析或点群分析，它在特征空间中直接寻找点群或其他可识别的数据结构，进行样本的归类[1]，是研究多变量事物分类问题的方法。其基本原理是根据样本自身的属性，用数学的方法按照某些相似性或差异性指针，定量地确定样本之间的亲疏关系，并按这种亲疏关系的程度对样本进行聚类，使同一类样本具有高度的相同性，并寻找不同样本间的特征。聚类分析方法是一种普遍采用的方法。

6.2　聚类分析的数据处理

原始数据矩阵中，特征变量可以是定量值，也可以是定性值。输入为原始样本数据，选择刻画样本性质和结构的特征变量，输出一个矩阵，每行是一个样本，每列是一个特征指标变量。样本的特征可以用其变量的取值(测量值)来表达，样本聚类中变量的选择至关重要，要根据专业知识和研究的目的来确定。如果选取了与聚类毫不相关的特征变量，将很难得到好的聚类结果，所以选用好的、合理的方案非常有必要，而合理的方案选取应当使得同类样品在所选的特征空间中相距较近，而异类样品则相距较远。一般地说，变数太少不能很好地反映出样本的真实属性；若变量太多，则变量彼此相关性极强，聚类的结果往往不是很理想。

在聚类分析问题中，各变量的单位可以不同，即不同的变量取值的形式可在同一问题中使用。对原始数据的测量要尽可能准确，否则将影响聚类结果。在聚类分析中，样本的变量往往有若干个，而变量之间的含义和单位也不相同，各变量在不同样本上取值变化范围差异也很大。为使不同量纲的变量按样本聚类，必须对原始数据进行变换。通过数据的变换[2-4]，消除变量变化幅度的影响，使变化范围较小的变量和变化范围较大的变量的影响同等重要。这种现象的出现又未必合理，因此，必要时可根据经验和专业知识或用模糊数学中综合评判的方法求得权重以对变量赋予适当的变换，这样聚类结果才更符合实际。常用的变换有中心化变换、对数变换、极差(或极值)变换、正规化变换、标准化变换等。在聚类分析中，常用的聚类变量的数据处理方法如下。

1. 总和标准化

$$x_{ij} = \frac{x_{ij}}{\sum_{i=1}^{m} x_{ij}} \quad (i = 1,2,\cdots,m;\quad j = 1,2,\cdots,n) \tag{6-1}$$

这种标准化方法所得的新数据满足

$$\sum_{i=1}^{m} x_{ij} = 1$$

2. 标准差标准化

$$x_{ij} = \frac{x_{ij} - \overline{x}_j}{s_j} \quad (i = 1,2,\cdots,m;\quad j = 1,2,\cdots,n) \tag{6-2}$$

其中

$$\overline{x}_j = \frac{1}{m}\sum_{i=1}^{m} x_{ij},\quad s_j = \sqrt{\frac{1}{m}\sum_{i=1}^{m}(x_{ij} - \overline{x}_j)^2}$$

由这种标准化方法所得的新数据，各要素的平均值为 0，标准差为 1。经过这种数据变换，各特征值均在 0 与 1 之间。

6.3 聚类分析的分类

目前，聚类分析的具体算法有很多，如系统聚类分析、*K*-均值聚类法、动态聚类法、分裂法、最优分割法、模糊聚类法、图论聚类法、聚类预报等。聚类分析方法的选择取决于数据的类型、聚类的目的和应用。按照聚类的目的，聚类分析还可以分为 Q 型和 R 型两类。如果聚类分析被用作描述或探查的工具，可以对同样的资料尝试多种分析方法，以发现数据可能揭示的结果。可以从不同的角度进行分类：从聚类变量类型来划分，可以分为数值型聚类算法、分类型聚类算法及混合型聚类算法；从聚类原理来划分，可以分为分割聚类算法、层次聚类算法、基于密度的聚类算法及网格聚类算法等。在化学中最常使用的是 *K*-均值聚类法、系统聚类分析、动态聚类法、模糊聚类法。本书主要采用 *K*-均值聚类法、系统聚类分析[5-7]。

(1)动态聚类法是先行选择若干样本点作为聚类中心，再按某种聚类准则使各样本点向各个中心聚集，从而获得初始分类，再计算其重心，然后进行第二次分类，一直到所有样本不再调整为止。动态聚类法有 *C*-均值法、ISODATA 算法、模拟退火算法、层次法、密度法、网格法、模型法等。

模糊 *C*-均值法(Fuzzy C-Means)是模糊聚类的基本方法之一，它也是一种能自动对数据样本进行分类的方法，通过优化目标函数得到每个样本点对类中心的隶属度，从而决定样本点的归属。模糊 *C*-均值法能较好地用于团状的、每类样本数相差不大的、类与类间有交叠的高维大样本集。但对于团状的、每类样本数相差较大的数据集，模糊 *C*-均值法的最优解可能不是数据集的正确划分，因为模糊 *C*-均值法有对数据集等划分趋势的缺点。

(2)系统聚类分析(Hierarchical Cluster Analysis)又称为谱系聚类分析，是将相似的样品或变量归类的最常用的方法，它还属于模式识别的无监督方法。系统聚类的关键是依据类与类之间的距离来定义样品的相近性，从而按照类间距从小到大进行聚类。与快速聚类分析相比，从系统聚类分析可以直观地看出由小类聚为大类的过程，从样品间距离水平可以看出样品之间的亲疏程度。

系统聚类分析的基本思想是首先定义试样之间和类与类之间的距离，在各自成类试样中，将距离最近的两类合并，重新计算新类与其他类间的距离，并按最小距离归类，重复此过程，每次减少一类，直到所有的试样成为一类为止。其聚类过程用图表示，称为聚类图。不同的系统聚类分析，定义类与类之间距离的方法不同，常用方法有 8 种，分别是最短距离法、最长距离法、中间距离法、重心

法、类平均法、可变类平均法、可变法和方差平方和法。系统聚类分析计算类与类之间距离的总递推公式为

$$D_{ir}^2 = \alpha_p D_{ip}^2 + \alpha_q D_{iq}^2 + \beta D_{pq}^2 + \gamma \left| D_{ip}^2 - D_{iq}^2 \right| \tag{6-3}$$

方法不同，式中 α_p、α_q、β、γ 的取值也不同，取值方法见表 6-1。其中 n_i、n_p、n_q 和 n_r 为相应类中的试样数。在可变法和可变类平均法中的 β 可变，分类效果与 β 取值关系极大。β 若近于 1，分类效果不好，因此 β 通常取负值。

表 6-1　系统聚类分析的参数表

方法名称	α_p	α_q	β	γ	矩阵要求	空间性质
最短距离法	$\frac{1}{2}$	$\frac{1}{2}$	0	$-\frac{1}{2}$	各种 D	压缩
最长距离法	$\frac{1}{2}$	$\frac{1}{2}$	0	$\frac{1}{2}$	各种 D	扩张
中间距离法	$\frac{1}{2}$	$\frac{1}{2}$	$-\frac{1}{2}$	0	欧氏距离	保持
重心法	$\frac{n_p}{n_r}$	$\frac{n_q}{n_r}$	$-\frac{\alpha_p}{\alpha_q}$	0	欧氏距离	保持
类平均法	$\frac{n_p}{n_r}$	$\frac{n_q}{n_r}$	0	0	各种 D	保持
可变类平均法	$\frac{1-\beta}{2}$	$\frac{1-\beta}{2}$	β	0	各种 D	不定
可变法	$\frac{(1-\beta)n_p}{n_r}$	$\frac{(1-\beta)n_q}{n_r}$	β	0	各种 D	扩张
方差平方和法	$\frac{n_i+n_p}{n_i+n_r}$	$\frac{n_i+n_q}{n_i+n_r}$	$\frac{-n_i}{n_i+n_r}$	0	欧氏距离	压缩

系统聚类分析的基本步骤为：①计算试样之间的距离；②定义类与类之间的距离；③根据计算的距离将试样逐个归类，由多个类最后并为一类；④将聚类过程绘制成聚类树枝状图并分析聚类图，结合专业知识决定最终分类。

(3)K-均值聚类法。K-均值聚类法的主要思想是把观测数据划分为 k 个群组，找到每个群组的中心（均值），然后将各个数据点聚集到其最近中心的群组中，为找到每个群组的中心，K-均值需要进行两个过程：①随机给定 k 个中心，将观测数据点聚集到离它最近的中心所代表的群组中，构造 k 个群组；②根据各个群组内部的数据点的均值重新确定群组的中心位置，再将观测数据点重新归类，构造新的 k 个群组。在迭代过程中，计算出初始聚类中心向量矩阵，通过一个目标函数，用最小二乘原理，经过多次迭代，寻求一个恰当的 K 组分类和聚类中心向量矩阵，使得目标函数达到最小，然后按最大隶属原则实现样品分类。

K-均值聚类法是将 n 个数据对象划分为 k 个聚类，以使所获得的聚类满足以下要求：同一聚类中的对象相似度较高，而不同聚类中的对象相似度较低。K-均值聚类法是在标准测度函数基础上的动态聚类算法。其原理是把 n 个向量 $\boldsymbol{X}_j$ ($j=$

1，2，…，n)分成k个类$\boldsymbol{G}_i(i=1, 2, \cdots, k)$，并求得每类的聚类中心，使得标准测度函数低于给定的最小阈值或者连续两次值之差小于一个参数阈值则停止。当选择第i类$\boldsymbol{G}_i$中向量$\boldsymbol{X}_k$与相应的聚类中心$\boldsymbol{C}_i$间的度量为欧几里得距离时，标准测度函数可定义如下：

$$J=\sum_{i=1}^{k}\sum_{\boldsymbol{X}_j\in\boldsymbol{G}_i}\|\boldsymbol{X}_j-\boldsymbol{C}_i\|^2 \tag{6-4}$$

式中，$\boldsymbol{X}_j$是原始的样本点，$\boldsymbol{C}_i$是类$\boldsymbol{G}_i$的聚类中心，这里是类$\boldsymbol{G}_i$中的目标函数，$J_i=\sum_{X_j\in G_i}\|\boldsymbol{X}_j-\boldsymbol{C}_i\|^2$的值依赖于$\boldsymbol{G}_i$的几何形状和$\boldsymbol{C}_i$的位置。显然，$J$的值越小表明聚类效果越好。上面的标准测度函数也可以写成：

$$J=\sum_{i=1}^{k}\sum_{j=1}^{N}\|\boldsymbol{X}_j-\boldsymbol{C}_i\|^2 \tag{6-5}$$

式中，N为样本数$d_{ji}=\begin{cases}1(若\ \boldsymbol{X}_j\in\boldsymbol{G}_i)\\0(若\ \boldsymbol{X}_j\notin\boldsymbol{G}_i)\end{cases}$。用$K$-均值聚类法可得到标准测度函数取得极小值的聚类结果。

6.4 聚类分析的应用

聚类分析是数据分析中的一种重要技术，它的应用极为广泛。“物以类聚，人以群分”，在自然科学和社会科学中，存在大量的分类问题。所谓类，通俗地说，就是指相似元素的集合。聚类分析又称群分析，它是研究(样品或指标)分类问题的一种统计分析。聚类分析起源于分类学，在古老的分类学中，人们主要依靠经验和专业知识来实现分类，很少利用数学工具进行定量的分类。随着人类科学技术的发展，对分类的要求越来越高，以致有时仅凭经验和专业知识难以确切地进行分类，于是人们逐渐把数学工具引用到分类学中，形成了数值分类学，之后又将多元分析的技术引入数值分类学，从而形成了聚类分析。

许多领域中都会涉及聚类分析的应用与研究工作。例如，在科学数据探测、信息检索、文本挖掘、空间数据库分析、Web数据分析、客户关系管理、医学诊断、生物学、化学化工、航空航天、医药卫生、计算机病毒分类、广告行业、教育教学、学生管理、房地产、法律案件分类等方面，聚类分析技术都起着重要作用。在商业领域，聚类可以帮助市场分析人员从消费者数据库中分出不同的消费群体，并且概括出每一类消费者的消费模式或者消费习惯，发现不同类型的客户群；可以用来分类具有相似功能的基因，了解种群的内在结构；可以用来从地理数据库中识别出具有相似土地用途的区域；可以从保险公司的数据库中发现汽车保险中具有较高索赔概率的群体；可以从一个城市的房地产信息数据库中，根据户型、房价及地理位置将房地产分成不同的类。

1. 聚类分析在有机化合物酸碱性分类的应用

取 3 个类别的有机物作为模型，它们分别是 A_1（酚类碱）、A_2（胺类碱）、A_3（羧酸）。其中，A_1、A_2 都属于有机物的碱性化合物，ΔH_f^θ 是 25 ℃时的标准生成焓，单位为 kJ/mol，I 是诱导效应指数，通过公式求得：

$$i_0=\frac{\delta_{BA}}{r_{BA}}=\frac{X_B-X_A}{X_A+X_B}\cdot\frac{1}{r_B+r_A} \tag{6-6}$$

$$i=\frac{1}{\alpha}\sum\left(\frac{\delta_1}{r_1}\right)+\frac{1}{\alpha^2}\sum\left(\frac{\delta_2}{r_2}\right)+\frac{1}{\alpha^3}\sum\left(\frac{\delta_3}{r_3}\right)+\cdots \tag{6-7}$$

$$I=i_0+i$$

式中，δ 代表极性，r 代表共价半径(Å)，X 代表 Pauling 电负性，$\alpha=3$。各原子电负性及共价半径见表 6-2。

表 6-2　各原子电负性及共价半径

内容	H	C	N	O	F	Cl	Br	I
X	2.1	2.5	3.0	3.5	4.0	3.0	2.8	2.5
r	0.371	0.77	0.7	0.66	0.64	0.99	1.142	1.33

本书使用一个化学键参数函数来代替变量：

$$f=0.009\,36\times\Delta H_f^\theta-4.611I+10.864 \tag{6-8}$$

（$n=86$，$R=0.848$，$F=84.026$，F 检验和 t 检验都通过）

有机物酸性的隶属度程度可以用下式表示：

$$\mu\widetilde{A}_1(f)=1-(f+1.932)/14.277 \tag{6-9}$$

有机物碱性的隶属度程度可以用下式表示：

$$\mu\widetilde{A}_2(f)=(f+1.932)/14.277 \tag{6-10}$$

有机物有关数据及模式识别间接判别结果见表 6-3。

表 6-3　有机物有关数据及模式识别间接判别结果

序号	名称	ΔH_f^θ	I	f	$\mu\widetilde{A}_1$	$\mu\widetilde{A}_2$	分类
1	phenol	−165.1	0.195 8	8.416	0.275 2	0.724 8	A_1
2	pyrocatechol	−272.0	0.199 9	7.396	0.346 6	0.653 4	A_1
3	resorcinol	−266.0	0.197 2	7.465	0.341 8	0.658 2	A_1
4	hydroquinone	−276.0	0.196 3	7.376	0.348 1	0.651 9	A_1
5	4-aminophenol	−179.0	0.195 9	8.285	0.284 4	0.715 6	A_1
6	2-chlorophenol	−185.0	0.200 6	8.207	0.289 8	0.710 2	A_1
7	3-chlorophenol	−206.4	0.197 4	8.022	0.302 8	0.697 2	A_1

续表

序号	名称	ΔH_f^θ	I	f	$\mu\widetilde{A}_1$	$\mu\widetilde{A}_2$	分类
8	4-chlorophenol	−197.9	0.196 3	8.107	0.296 9	0.703 1	A_1
9	2-ethylphenol	−146.0	0.196 1	8.593	0.262 8	0.737 2	A_1
10	3-ethylphenol	−214.3	0.195 8	7.955	0.307 5	0.692 5	A_1
11	4-ethylphenol	−224.4	0.195 8	7.861	0.314 1	0.685 9	A_1
12	o-cresol	−129.0	0.195 8	8.754	0.251 5	0.748 5	A_1
13	m-cresol	−132.0	0.195 5	8.727	0.253 4	0.746 6	A_1
14	p-cresol	−125.0	0.195 8	8.791	0.248 9	0.751 1	A_1
15	2-nitrophenol	−194.0	0.202 3	8.115	0.296 3	0.703 7	A_1
16	3-nitrophenol	−210.0	0.198 0	7.985	0.305 4	0.694 6	A_1
17	4-nitrophenol	−194.0	0.196 5	8.142	0.294 4	0.705 6	A_1
18	2，4-dinitrophenol	−232.0	0.203 1	7.756	0.321 4	0.678 6	A_1
19	picric acid	−216.0	0.209 6	7.876	0.313 0	0.687 0	A_1
20	methanamine	−47.2	0.063 9	10.128	0.155 3	0.844 7	A_2
21	dimethylamine	−43.9	0.072 8	10.117	0.156 0	0.844 0	A_2
22	trimethylamine	−45.7	−0.414 0	12.345	0.000 0	1.000 0	A_2
23	ethanamine	−47.4	0.063 9	10.126	0.155 4	0.844 6	A_2
24	diethylamine	−72.0	0.072 8	9.854	0.174 4	0.825 6	A_2
25	triethylamine	−127.7	−0.414 0	11.578	0.053 7	0.946 3	A_2
26	propan-1-amine	−72.0	0.063 9	9.89 5	0.171 6	0.828 4	A_2
27	butan-1-amine	−92.0	0.063 9	9.708	0.184 7	0.815 3	A_2
28	N-methylpropan-1-amine	−104.0	0.064 8	9.592	0.192 8	0.807 2	A_2
29	2-methylpropan-1-amine	−132.6	0.063 9	9.328	0.211 3	0.788 7	A_2
30	2-methylpropan-2-amine	−121.0	0.063 9	9.437	0.203 7	0.796 3	A_2
31	aniline	87.0	0.081 4	11.303	0.073 0	0.927 0	A_2
32	4-aminophenol	−179.0	0.081 9	8.811	0.247 5	0.752 5	A_2
33	o-toluidine	−5.0	0.081 4	10.442	0.133 3	0.866 7	A_2
34	m-toluidine	−1.0	0.081 4	10.479	0.130 7	0.869 3	A_2
35	p-toluidine	−30.0	0.081 4	10.208	0.149 7	0.850 3	A_2
36	2-nitrobenzenamine	−26.1	0.087 9	10.214	0.149 2	0.850 8	A_2
37	3-nitrobenzenamine	−38.3	0.083 6	10.120	0.155 8	0.844 2	A_2
38	4-nitrobenzenamine	−42.0	0.082 1	10.092	0.157 8	0.842 2	A_2
39	diphenylamine	130.6	0.107 9	11.589	0.0530	0.947 0	A_2
40	benzene-1，4-diamine	3.0	0.081 6	10.516	0.128 1	0.8719	A_2

续表

序号	名称	ΔH_f^θ	I	f	$\mu\tilde{A}_1$	$\mu\tilde{A}_2$	分类
41	formic acid	−379.0	0.210 3	6.347	0.420 1	0.579 9	A_3
42	acetic acid	−432.4	0.210 3	5.847	0.455 1	0.544 9	A_3
43	2-aminoacetic acid	−528.5	0.215 4	4.924	0.519 8	0.480 2	A_3
44	2-chloroacetic acid	−510.5	0.215 1	5.094	0.507 9	0.492 1	A_3
45	2，2-dichloroacetic acid	−496.3	0.219 8	5.205	0.500 1	0.499 9	A_3
46	2，2，2-trichloroacetic acid	−503.3	0.224 5	5.118	0.506 2	0.493 8	A_3
47	2-fluoroacetic acid	−688.3	0.219 2	3.411	0.625 8	0.374 2	A_3
48	2-hydroxyacetic acid	−662.0	0.214 5	3.679	0.607 0	0.393 0	A_3
49	propionic acid	−510.7	0.210 3	5.114	0.506 5	0.493 5	A_3
50	2-chloropropanoic acid	−522.5	0.215 1	4.982	0.515 8	0.484 2	A_3
51	3-chloropropanoic acid	−549.3	0.211 9	4.745	0.532 3	0.467 7	A_3
52	2-hydroxypropanoic acid	−674.5	0.214 5	3.562	0.615 2	0.384 8	A_3
53	butyric acid	−533.8	0.210 3	4.898	0.5216	0.478 4	A_3
54	2-chlorobutanoic acid	−575.5	0.215 1	4.485	0.550 5	0.449 5	A_3
55	3-chlorobutanoic acid	−556.3	0.211 9	4.680	0.536 9	0.463 1	A_3
56	4-chlorobutanoic acid	−566.3	0.210 9	4.591	0.543 1	0.456 9	A_3
57	isobutyric acid	−553.0	0.210 3	4.718	0.534 2	0.465 8	A_3
58	pentanoic acid	−491.9	0.210 3	5.290	0.494 1	0.505 9	A_3
59	pivalic acid	−565.0	0.210 3	4.606	0.542 1	0.457 9	A_3
60	hexanoic acid	−586.0	0.210 3	4.409	0.555 8	0.444 2	A_3
61	benzoic acid	−385.2	0.216 2	6.262	0.426 1	0.573 9	A_3
62	2-aminobenzoic acid	−400.9	0.216 5	6.113	0.436 5	0.563 5	A_3
63	3-aminobenzoic acid	−411.6	0.216 3	6.014	0.443 4	0.556 6	A_3
64	4-aminobenzoic acid	−412.9	0.216 2	6.002	0.444 3	0.555 7	A_3
65	2-chlorobenzoic acid	−404.5	0.217 8	6.074	0.439 3	0.560 7	A_3
66	3-chlorobenzoic acid	−423.3	0.216 7	5.903	0.451 2	0.548 8	A_3
67	4-chlorobenzoic acid	−428.9	0.216 4	5.852	0.454 8	0.545 2	A_3
68	2-hydroxybenzoic acid	−589.9	0.217 6	4.339	0.560 7	0.439 3	A_3
69	3-hydroxybenzoic acid	−584.9	0.216 6	4.391	0.557 1	0.442 9	A_3
70	4-hydroxybenzoic acid	−584.5	0.216 3	4.396	0.556 8	0.443 2	A_3
71	2-methylbenzoic acid	−416.5	0.216 2	5.969	0.446 6	0.553 4	A_3
72	3-methylbenzoic acid	−426.1	0.216 2	5.879	0.452 9	0.547 1	A_3
73	4-methylbenzoic acid	−429.2	0.216 2	5.850	0.454 9	0.545 1	A_3

续表

序号	名称	ΔH_f^θ	I	f	$\mu\widetilde{A}_1$	$\mu\widetilde{A}_2$	分类
74	2-nitrobenzoic acid	−378.5	0.218 3	6.315	0.422 4	0.577 6	A_3
75	3-nitrobenzoic acid	−394.7	0.216 9	6.169	0.432 6	0.567 4	A_3
76	4-nitrobenzoic acid	−392.2	0.216 2	6.196	0.430 7	0.569 3	A_3
77	2-phenylacetic acid	−398.7	0.212 3	6.153	0.433 7	0.566 3	A_3
78	oxalic acid	−821.7	0.225 2	2.134	0.715 2	0.284 8	A_3
79	malonic acid	−891.0	0.215 3	1.531	0.757 4	0.242 6	A_3
80	succinic acid	−940.5	0.212 0	1.083	0.788 8	0.211 2	A_3
81	2，3-dihydroxysuccinic acid	−1 260.0	0.217 5	−1.932	1.000 0	0.000 0	A_3
82	glutaric acid	−960.0	0.210 9	0.906	0.801 2	0.198 8	A_3
83	adipic acid	−990.0	0.210 5	0.627	0.820 8	0.179 2	A_3
84	phthalic acid	−782.0	0.216 4	2.547	0.686 3	0.313 7	A_3
85	maleic acid	−791.0	0.215 7	2.466	0.692 0	0.308 0	A_3
86	maleic acid	−811.7	0.215 7	2.272	0.705 5	0.294 5	A_3

选择有机化合物的标准生成焓(ΔH_f^θ)和诱导效应指数(I)作为变量，对有机化合物的酸碱性进行系统聚类分析，如图 6-1 所示。

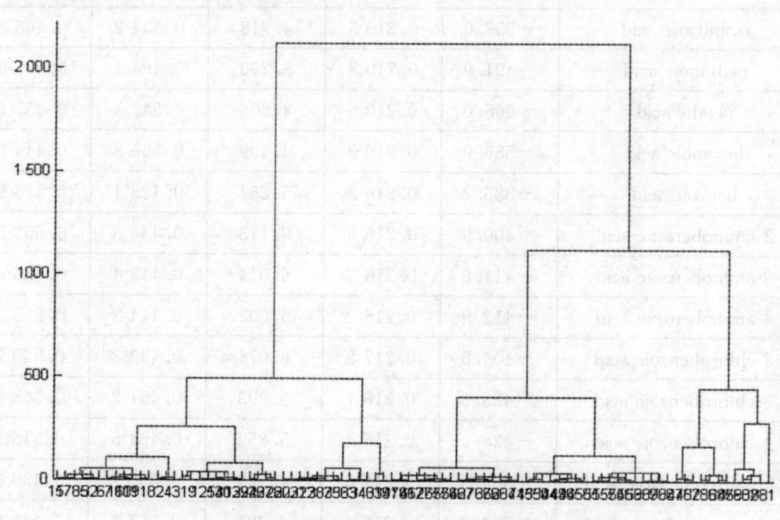

图 6-1　有机化合物酸碱性分类的系统聚类分析

结果与讨论：

(1)系统聚类分析对有机化合物酸碱性分类的结果见图 6-1，其相关系数 $c=0.695\ 1$。从图中可以看到，为了可以清楚地看到有机化合物的划分情况，选择分类数为 2，即将酚类有机化合物和胺类有机化合物划分为一类。

(2)从分类结果看，没有误判，识别率可达到 100%，也就是说，根据这两个变量，可以完全将有机化合物划分为碱性和酸性两大类，其聚类结果非常好。

2. 聚类分析在中药质量控制分类中的应用

聚类分析是数理统计的一种方法，先对原始数据进行标准化处理，然后用两个主因子聚类的定量分析方法对柴胡不同部位花、叶、茎、根进行综合评价并分类，见表 6-4。本书采用主因子聚类分析，在方法上采用欧氏距离测量，每两样本间用 Average linkage 法连接，按顺序作图得图 6-2。

表 6-4　柴胡的不同部位微量元素测定[8]结果　μg/g

样本	Ca	Mg	Na	K	Fe	Mn	Cu	Zn
花	72.6	1.15	64.5	16.2	378.9	44.0	7.11	26.5
叶	156.8	1.40	115.0	13.9	460.0	78.5	7.10	30.3
茎	67.3	0.54	78.7	15.9	216.1	34.5	8.57	31.9
根	63.2	1.72	415.5	11.5	662.0	57.6	8.94	45.8

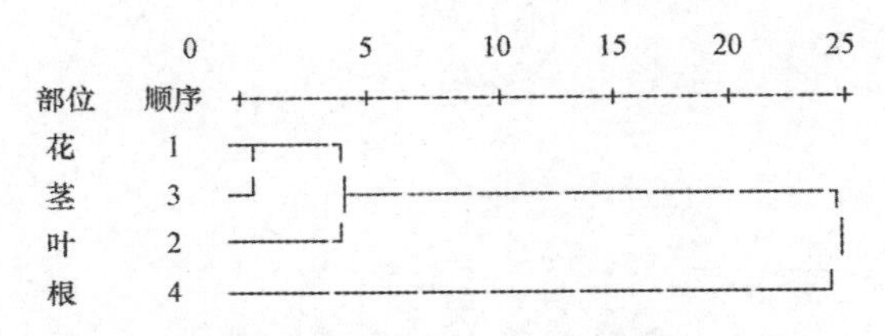

图 6-2　层次聚类分析的树形图

结果与讨论：

由图 6-2 可见，样本层次聚类分析聚成 3 类时，根是一类，叶为一类，花和茎为一类。这说明组内柴胡样品的微量元素谱存在相似性，为进一步开展柴胡的药理研究提供了依据。

参考文献

Reference

[1] 楼裕胜．模糊聚类分析方法与应用[J]．知识丛林，2005(2)：121.

[2] 孙才志，王敬东，潘俊．模糊聚类分析最佳聚类数的确定方法研究[J]．模糊系统与数学，2001，15(1)：89－92.

[3] 杨大伟．模糊聚类分析系统及其应用[J]．天中学刊，2005，20(2)：28－29，103．
[4] 万红新，彭云，聂承启．模糊聚类分析系统的研究与实现[J]．江西科技师范学院学报，2004(5)：71－74．
[5] 许小勇．模糊聚类分析算法的改进 Matlab 语言程序设计[J]．云南民族大学学报，2006，15(3)：196－201．
[6] 张弢，纪德云．模糊聚类分析法[J]．沈阳大学学报(自然科学版)，2000，12(2)：73－79．
[7] 高伟平．聚类分析在化学中的应用及在可编程序计算器上的实现[J]．继续教育，1990：29－32．
[8] 王乃兴，宋晓红，崔学桂，等．火焰原子吸收光谱法测定柴胡的不同部位中微量元素[J]．药物分析杂志，2006，26(8)：1151－1152．